卡路里篇

我的

減肥之旅

涂耀文 Ada 著

目 錄
CONTENTS

自序

編輯：不如你寫一篇自序啦！

　我：自序是什麼？我不太懂得寫呢⋯⋯

我只是一個在職媽媽，寫這本書的目的，是想將自己的經驗與大家分享，如何不用受肥胖的困擾。由青春期開始我一直偏肥，用了很多不同的方法去減肥，食藥，睇醫生，做運動，168節食，甚至低醣飲食。基本上沒有一種方法，試完後是體重不會反彈的。

去到 30 歲尾，開始覺得有點想放棄，身邊有些朋友好fit，有些開始變肥。我在想其實有什麼方法可以恆常地瘦，又不會太辛苦呢？思考了很多個晚上，找了很多資料，發覺原來計算卡路里，配合適量運動，是一個好的方法。試了一些日子後，終於發覺真的有效，所以就決心寫本書，告訴大家我的經驗！

我的兒子都肥，後來我協助他計算卡路里，亦叫他在家做少少運動，維持身型，直至現在減了 50 磅，我好感恩他肯聽我講和配合，所以都希望幫到大家。

如果你有興趣這本書，就請多多支持，大家一齊努力，向減肥前進啊！有關本書的內容，大致是我多年來在雜誌、網上、政府網站找到的資料，可能會有少少誤差，但就請大家當作參考吧！

另外，如果是打邊爐、BBQ 等的食材，通常就用生的材料計算卡路里，否則多數都是用熟的材料去計算。

以下附上我和兒子 before and after 的樣子，可別見笑。

1

我的減肥天書

5 分鐘了解卡路里

撰寫本書的原因、理念及本書的用法：

有鑑於小女子生產完 BB 後，體重達 149 磅，身高 169 厘米，沒有太多肌肉，中型骨架。但生產時過重，達 180 磅，膝蓋負重過多，懷孕後期膝痛已變得嚴重。

生產後，走路也痛，想到減磅讓身體輕些，所以開始跳鄭小姐的舞曲，你也試過吧？(><)

但跳時用錯力，之後變成膝患了⋯⋯哭⋯⋯

看骨科醫生時的對話（真人真事）：

我：醫生，我膝痛，連過馬路，行人綠燈起步走時也痛⋯⋯

（做完初步檢查）

醫：你腳骨無事，照完 X 光再講⋯⋯

（覆診時）

我：醫生，我怎樣？

醫：骨無事，但你要減一包米的重量，即十幾磅，你想想你日日抬著一包米行路，當然辛苦啦！

我：okok，我減⋯⋯醫生，有無減肥藥呀？

醫：做運動啦⋯⋯（他當時還帶我去旁邊的房間，教我玩健身單車，另外，護士姐姐教我選擇一對合適的波鞋⋯⋯）

自此，我就持續食止痛藥，食葡萄糖胺了 :-(

但 9 個月後，我依然都是我，依然是肥師奶一個，依然腳痛。

就在我痛到一個點之後，有一天，我走過一間診所，寫著「體重管理」……我靈機一觸，於是入去看了醫生。

我：醫生，我想減肥。

醫：哦，你想做體重管理……

我：體重管理……係係……

經過一輪度高、磅重，最後他收了我 5 百多元，1 星期藥左右。

但食完藥，心跳加速，心悸，感覺很不舒服，怪怪的。每次睡覺，覺得個心不舒服，還怕自己一睡不起。

堅持了 3 日，放棄了，因怕兩個兒子失去媽媽……

但自此，人生好像去了谷底，好絕望，覺得好無助，對著牆發呆……

我在想，無理由我減不到，一定有方法……經過一輪上網找資料，我發覺減肥都只是一個加減數 —— 就是吃入與消耗，而運動我又做不到（因膝痛），我也無時間去做。

所以我選擇了計卡路里減肥。

我朋友見我在 1 年半裏減了 30 磅，也就提議我寫一本關於香港美食的卡路里天書，point form 的，輕巧的，方便攜帶用。

所以這本書就出現啦！

本書除了有食物卡路里之外，還有我的減肥心得，希望能夠令大家，尤其是外食族，有一個簡單又清楚的食物卡路里資料。

註：小女子只是一個師奶，一心想為一家大細老幼去維持自己健康的身體。寫這本書，某程度也是想留給兒子參考，希望他們有健康體魄。我並非營養師或醫生，但我所講的已是 tried my best 找資料後的結果，希望同大家分享，一齊共勉！

關於卡路里的知識 ^kcal^

1 什麼是卡路里？（千卡、千焦分別）

熱量單位 —— 1 卡路里是指 1 克（gram）的水升高攝氏 1 度時所需要的能量。

在營養學上，卡路里（calorie / cal）、千卡路里（kilocalorie）、千卡（kcal）、大卡、焦耳（J）、千焦耳 / 千焦（KJ），全都是代表食物中或身體使用熱量的單位。

一般我們平常說的卡路里分為兩種：

千卡（kcal），也稱為大卡，最常見在食物標籤，相等於將 1,000 克水在 1 大氣壓力下提升攝氏 1 度時所需要的能量，約等於 4,186 焦耳的熱能。

卡，也稱為 cal，一般較少這種叫法，1,000 卡（cal）等於 1 千卡（1 kcal）或 1 大卡。

另外，還有 KJ，但計法不一樣。

換算是：1 千卡路里（1 kcal）＝ 4.184 千焦耳（KJ）

進食碳水化合物、蛋白質及脂肪大約會產生的熱量是：

- 1 克碳水化合物＝ 4 kcal
- 1 克蛋白質＝ 4 kcal
- 1 克脂肪＝ 9 kcal
- 1 克酒精＝ 7 kcal

2 為何懂得計算食物卡路里這麼重要？

因為在減肥方面，研究証明，控制飲食是最有效與直接，佔 80%，再加運動 20%。所以想減磅，最直接是減食，同時也需要食得聰明。而控制飲食，就是每日計算卡路里攝取量，當然也得配合有營養的食物及適量運動。如果你能夠儘可能用最準確的方法計算每種食物的卡路里，每餐計著，那麼你想肥也很難。

本書盡量囊括全港美食的卡路里資料，令減肥時可作更容易而清晰的飲食計算。

3 評估你的身高與體重比例

BMI 是體重指標（Body Mass Index, BMI），用作參考體重是否適中的一個指數。

$$\text{體重指數（BMI）} = \frac{\text{體重（公斤）}}{\text{身高（米）} \times \text{身高（米）}}$$

* 1 公斤 ＝ 2.2 磅

亞洲人的體重指標	體重指標
過輕	<18.5
正常水平	18.5-22.9
過重	23-24.9
肥胖	25-29.9
嚴重肥胖	>=30

另外，也要留意身體脂肪（Body Fat）的百分比。

正常成人脂肪百分比：

女性	脂肪百分比
運動員	16-20%
健康人士	21-24%
可接受水平	25-31%
肥胖	>32%

男性	脂肪百分比
運動員	6-13%
健康人士	14-17%
可接受水平	18-25%
肥胖	>25%

4 你每日需要吸收幾多卡路里？

每日所需的卡路里因人而異，與年齡、工作、性別、運動量及生活習慣有關。

其實減肥只是加減數，你吃了幾多和你消耗了幾多。要計算你需要幾多卡一日首先就要計算你的基礎代謝率。

基礎代謝率（Basal Metabolic Rate, BMR）：
基礎代謝率的意思就是說，就算你不做運動，不動，不吃，不喝，也需要用的能量，例如睡覺、呼吸等等。你每天需要吸收的能量起碼不能少過這個數值，否則就會引發身體健康問題。

有些人的基礎代謝率會較快，例如體型較大的人、男性或者嬰兒。多數成年人 25 歲以後基礎代謝率便會下降，而脂肪比例較高的人，基礎代謝率也會較慢。

當然要計算基礎代謝率也可以，但公式比較複雜。我希望大家不要把減肥看得太複雜，所以我只會列出一個表，讓大家看清自己的重量與運動量的比重，大約知道自己需要幾多卡路里一天，從而計算自己需要在多久的時間裏作出合適的減肥計劃。

類別	每公斤正常體重所需熱量
輕量活動人士 / 過重 / 老人	20-25 kcal
中量活動人士 / 成年女性	25-30 kcal
高量活動人士 / 成年男性	30-40 kcal

5 如何看食物包裝上的營養標籤？

很多朋友都問我應該如何計算一件食物的卡路里，當然有個別包裝的食物，清清楚楚顯示是最容易計算卡路里的。這裏先作一個簡單的介紹。

例子一：

一包高鈣豆奶，每 100 毫升能量是 49 kcal。它總容量是 250 毫升，那麼這一包豆奶有幾多卡路里呢？計法如下：

$49 \times 2.5 = 122.5$ kcal

把 49 乘 2.5，是因為每 100 毫升有 49 kcal，250 毫升就是把 49 乘 2.5 倍，所以全包豆奶有約 123 kcal。

例子二：

一罐午餐肉，每 100 克能量是 885 千焦（KJ）。若把它化成卡路里，方法是把千焦除以 4.184，因為 1 kcal 等於 4.184 千焦。

所以這裏看到每 100 克 885 千焦即是每 100 克有 211.5 kcal。計法是：

$885 / 4.184 = 211.5$ kcal

好了，到這個步驟不要以為這罐午餐肉只有 211.5 kcal。因為這罐午餐肉有 198 克，要把 211.5 乘以 1.98，所以這罐午餐肉總共有 418.8 kcal。

例子三：

一罐日本紫菜，共有 20 克，總卡路里 81.6 kcal。日本的食物很有趣，通常會計算食物的總卡路里，少會以 100 克計算。

我們也要留意，如果再認真去計算，每罐有 20 塊紫菜，一塊等於一克，把 81.6 除以 20 就知道每一塊的卡路里了。

每一塊紫菜的卡路里：81.6/20 ＝ 4.08 kcal

例子四：

一盒有 9 粒朱古力，共 118 克，每 100 克是 530 kcal。

530×1.18 ＝ 625.4 kcal

每一粒朱古力的卡路里：625.4/9 ＝ 69.48 kcal

例子五，是情況比較複雜的例子：

一盒穀物早餐，內有 14 小包，每 100 克有 1,800 千焦能量。首先我們把 1,800 除以 4.184，得出每 100 克是 430 kcal。

那麼一小包究竟有多少卡路里呢？

每一小包有 35 克，我們就把 430 乘以 0.35，於是我們知道一小包有 150.5 kcal。

如果掌握以上計算方法，就能看懂很多食物標籤，從而計算出自己的卡路里攝取量。

6 每餐的卡路里攝取分佈

大致上我們會平均地分佈每一餐所需要的熱量。雖然每個人對熱量的需求不同，但每餐的分佈大致如下，例如你每天需要吸收 1,400 kcal，分佈應該是大約各三分一。

我會建議：

早餐攝取 300 kcal，午餐 400 kcal，晚餐 500 kcal，另外下午茶我會建議大約 200 kcal。

這樣的分佈會令你不易覺得肚餓，而且容易實踐。

早餐及下午茶是最影響全日的卡路里吸收，如果當天的早餐及下午茶攝取過量，那一天便很容易超標，所以要注意！

在下一章也會介紹平日我的早餐、午餐及下午茶選擇，因為這也是其中一個減肥成功的關鍵。

我的減肥重點

kcal

熱量密度（Energy Density）

熱量密度可理解成同一體積的食物有幾多卡路里。簡單說法就是一口朱古力的熱量比一口蔬菜的肯定要多很多。

你想像一下剛才我們計算的朱古力一粒有 70 kcal，食兩粒已是 140 kcal，已經比一碗炒雜菜的卡路里（炒雜菜一中飯碗約 100 kcal）還要多。

你試想一下，哪一種食物會令你較為飽肚呢？當然是一碗雜菜。所以這就是高熱量密度（朱古力）與低熱量密度（菜）的分別。明智地選擇低熱量密度食物進食，能令你更加飽肚，更容易減磅。

高熱量密度食物：（每 100 克多於 225 kcal）
例如炸薯條、蛋糕、炒粉麵、即食麵、朱古力等等

低至中熱量密度食物：（每 100 克含 101 至 224 kcal）
例如通粉、米粉、烏冬、瘦肉、魚肉、豆類、家禽類、白米、海鮮等等

低熱量密度食物：（每 100 克含 10 至 100 kcal）
這些食物含極多的水分（水沒有卡路里），例如粟米、豆腐、蔬菜、水果、脫脂奶、脫脂乳酪、低糖豆漿等等

因為低熱量密度食物較為飽肚，所以我們應該多選擇這些食物。當然也要維持均衡飲食，這樣才能減得其所，也不易反彈。

實用減肥攻略 *kcal*

1 其實減肥是一個加減數

就是說你吸收多少卡路里及你消耗了幾多卡路里。一加一減便能決定你的肥瘦。

之前已詳細解釋如何計算每天所需要的卡路里，只要能夠配合飲食再加上適量運動，你是可以減到的！

2 聽到最多就是朋友說自己明明吃了很少，為何仍這麼肥？

當我再問清楚朋友所謂少是什麼，就發覺原來她全都是進食高熱量密度的食物。所以就感覺吃了很少但仍然很肥胖，而且經常肚餓。其實每人都要詳細分析自己的飲食習慣，從中一定會找出有問題的部分，只要針對這一部分再作出適當的調節，那麼便會有效果了！另外，我發覺很多朋友有食麵包習慣，其實麵包很肥，有些更有反式脂肪。建議食麥皮溝奶粉或咖啡粉比較理想。

3 代餐無效？

千萬不要用食少一些，或其他「怪招」減肥！也不要單靠增加運動量，因為一旦你不再用這些怪招，體重必會反彈，彈得還要再利害些。我們要找的是能夠在盡量維持現有生活習慣下的減重方式，而且減肥唯一定律就是吸收與消耗。

4 喝水肥？

請不要相信喝水會肥，其實喝水會令你排走更多水，減少水腫。

想去水，多吃含鉀質豐富的食物，如香蕉、薯仔、蕃薯、粟米，排鈉去水。

5 負卡路里食物能減肥？

網上傳聞吃蘋果、蕃茄等蔬果類食物能提供的熱量，比起人體用作消化它們的熱量低，會有負卡路里效果。但其實因為負卡路里的食物以蔬果為主，長期食用這些生果，身體會缺乏脂肪、蛋白質等。而且會減慢新陳代謝，亦會令身體流失肌肉、水分，反而不能減肥。身體用作消耗食物所需要的能量，其實也只佔全日食物攝取量的 5 至 10%。因此單靠負卡路里食物，不能減重。

6 減重的理由！

減肥除了是吸收與消耗這些加減數外，還需要毅力，毅力來自你想減肥的原因。每個人的原因不同，你可以說想變靚，想老公錫自己多一些，想著衫靚些，想瘦些不會這麼怕熱，想膝頭不會太痛，總之一定要想一個原因。

有原因，有動力！

7 記得一定一定一定要吃早餐

晚上睡覺的時候，新陳代謝率會好低，早上需要身體補充食物來恢復代謝率。由晚餐到早餐已經經歷了十多小時沒有吃東西，此時無論代謝率、血糖也會很低，如果再跳過早餐不吃，身體燃脂的能力會減慢，血糖低，會很容易肚餓。到中午的時候，吃的東西反而會吸收得更多，所以，一定要吃早餐，而且每天維持少吃多餐。

早餐方面我建議食麥皮加脫脂奶粉或咖啡粉，頗飽肚的，又可通便。腸通其實很重要，便通，易瘦，所以我亦建議食益生菌。益生菌大多要存放在低於攝氏 25 度的環境，否則菌會死，除非有注明可放室溫，大家記得留意。

8 食宵夜會肥？

其實減肥只是一個加減數，無論你食什麼東西，只要你的吸收少過你的消耗，你便能夠減重。所以無論你食或不食宵夜，都沒有關係的，不過食宵夜之後睡覺，的確會對腸胃造成負擔。

9 不要有飢餓的感覺

盡量不要經常有飢餓的感覺，要少食多餐。因為這飢餓感覺會令身體以為你身在森林，沒有東西可吃，反而會本能地替你儲存定能量（肥膏），減慢你的新陳代謝。

至於為何夜晚會經常易肚餓，研究顯示我們肚餓並非真正的飢餓，而是因為皮質醇的波動。皮質醇是主要的醣性皮質荷爾蒙，由腎上腺皮質分泌，是生命中的必需品，屬於腎上腺分泌，在應付壓力中扮演重要角色。又稱為「壓力荷爾蒙」，皮質醇會調節血壓、血糖水平。一般來說，早上皮質醇水平最高，夜晚最低。

由於我們晚上不用那麼多能量，皮質醇水平就會自然下降以準備睡覺，而血糖也跟著下降。所以如果我們希望保持清醒，身體就會本能地想通過進食來提升血糖，所以夜睡的人自然會產生食慾，覺得肚餓。

10 尋找合適自己的減肥方法

盡力尋求一個合適自己又可行的減肥方法，你要想這個方法可以一生都實行到的，例如多做運動。至於食代餐，餐單調節飲食，節食，這些絕對沒用。因為很難持續一生去維持。

11 要食得精明，懂得計算

每一種食物種類，日式、韓式、火鍋、快餐、飲茶等等，總有一些食物低卡一點，有些比較高卡。要記著高卡食物，避食。

減肥是要知道哪些是陷阱食物，哪些是超高卡要避開，及哪些食物比較低卡。

例如一件鳳梨酥的卡路里約等於一碗飯（約 220 kcal），食飯一定會飽些，這些就是技巧！

12 盡量選擇有營養標籤的食物，易計數

對於計卡路里初哥來說，叫你計算一碟碟頭飯或一份中式炒餸的卡路里實在不易。如果在外用餐，選擇有營養標籤的食物會較易計算。

在香港，例如華御結、7-Eleven、馬莎、McDonald、Mos Burger 等等有提供卡路里資料。

但很老實說，相對於台灣、日本，在香港市面上提及食物的卡路里資料實在太少。所以我才有寫這本書的意願，當然我不是營養師，也不是化驗所。本書所述的卡路里資料是我這幾年來，不斷上網找出來的結果，反覆求証，希望可以幫到大家。

13 買每種食物，先看它的卡路里、糖分、鈉及脂肪

食物的糖、鈉、脂肪含量標準值：

留意：

糖　　每 100 克分量
　　　不多於 5 克糖，屬低糖
　　　高於 20 克，屬高糖

鈉　　每 100 克分量
　　　不多於 120 毫克（mg），屬低鈉
　　　高於 600 毫克，屬高鈉

脂肪　每 100 克分量
　　　不多於 3 克，屬低脂
　　　高於 20 克，屬高脂

如果能夠看營養標籤是最好的。你吃下去很鹹不代表它高鈉，因為有時候有些食物加了糖，所以味道好像不太鹹，但其實是高鈉，所以要注意！

另外，如果覺得看營養標籤好煩，那就先看標籤上的卡路里。日後再慢慢研究。

14 吃東西時先在腦中盤算一下才放入口中

放入口中的食物有幾多卡，要先計算一下才吃。這件事是熟能生巧的，當然一開始的時候是很困難，我會先用手機為食物拍一張相片，之後才吃，吃完才計，起初不用太執著，方法用對了，才可以慢慢減！

15 任何時候先吃菜

在很多種類的食物中，基本上菜是最低卡路里的。我不會執著吃焓菜還是炒菜。一碗焓菜大約 50 kcal，一碗炒菜大約 110 kcal。

但我不會因為炒菜比較高卡就避免去吃，因為我是一生的減肥，不能夠只吃焓菜，而且我真的吃不下焓菜。

先吃菜，然後才吃肉及飯。

如果是一碟中式炒菜中有肉片，大約 1/3 隻手掌這麼大的，我會計算它是 30 kcal 一片，飯一碗平碗，不太滿的，約 220 kcal 一碗。

在家吃飯，煮好餸菜後會先拍照，跟著才吃，吃完之後才計，這樣會開心些。

16 買磅，買運動手錶

每早脫衣磅重，寫下體重、脂肪比及 BMI。數字其實不重要，重要的是這樣做你會多了減肥的決心！另外運動手錶可以計算你的步數及卡路里消耗。能夠計算卡路里消耗是非常重要的，因為這樣你可以控制自己減肥的速度。

你想減去 1 磅的話，要消耗 3,500 kcal。

例如你每天攝取 1,500 kcal，你可以選擇每天食少 100 kcal 的，即吸收 1,400 kcal 一日，那麼你 35 天便可以減少 1 磅。

有這隻運動手錶，你就可以控制自己的減肥速度。

但有一點要留意，盡量買一些大牌子的運動手錶。選可以連繫在電話的，這樣你會更能夠準確計算卡路里消耗。

以下是 2021 年消委會點評頭十位智能手錶排名,供大家
參考之用。(2023 年截稿前的資料)

1	Garmin Forerunner 55	$1,699
2	Garmin Forerunner 745	$4,099
3	榮耀 Honor GS Pro	$1,798
4	Garmin Instinct Solar	$3,299
5	Fitbit Sense	$2,348
6	Fitbit Versa 3	$1,980
7	Garmin Venu 2	$3,299
8	Apple Watch SE	$2,399
9	華為 Huawel GT 2 Pro 運動款	$2,488
10	小米 Mi Watch 運動版	$899

消費者委員會 2021 年發布了一份智能手錶的測試結果,
測試產品當中,售價在 1,000 港元以下的小米 Mi Watch
及華為 Watch Fit 在總評分上,能夠和售價逾千元的大牌
子如 Garmin、Apple 等媲美。

在二十七款被測試產品中,只得 Garmin Forerunner 55
在總評分獲得 5 分滿分,在步數、量度心率及距離估算的
運動數據,和智能功能方面全部獲 5 分滿分,而且電量還
很厲害,充電 1.4 小時,可以用足 21 天。

以上資料可供參考之用,在減肥的旅程,一隻運動手錶是
必須的。

17 轉用深藍色細碟、細叉、細匙羹、韓式扁平的不鏽鋼筷子

研究顯示，用深藍色的餐具會抑壓食慾。千萬不要用陽光系列的顏色的餐具，例如淺黃色、橙色、紅色、粉紅色，這些顏色的餐具會令你很想吃東西。而且要記得用細碟，外國有大學研究，用 10 吋碟比 12 吋，可減少進食 25% 食物，即每餐大約減少 100 kcal。另外，用細叉、細匙羹使你能夠小口小口吃，韓式不鏽鋼筷子也是我的最愛，因為很難用，哈哈，這樣做都可以減慢食飯的速度，從這些小技巧來控制，會比較容易，又不用戒口，很好！

18 用食物紀錄 app，記錄每餐吃了什麼東西

這是很重要的，坊間有很多食物紀錄 app（我用 Calorie Mama）記錄你早午晚零食及下午茶吃了什麼東西，有些還可以拍照，很方便，亦可在每日早上於 app 中記下你的體重、body fat 及 BMI，很實用。

用食物紀錄 app 的好處就是，你吃了什麼也清清楚楚，這樣對於計算每日的卡路里攝取，很有幫助！

不要怕煩，初學者一定要用 app 記錄，當你熟悉後，你心裏面會有一個大概，知道你經常吃的食物究竟有幾多卡。

慢慢的，你便不需要再用了！

19 飲的卡路里 vs 食的卡路里

如果有得選擇，我會選擇每天我需要的 1,400 kcal 全都是來自食物而非飲品。

因為飲品飲完後很快會肚餓，而且容易過甜。但食物就不同，始終食物會經過一個程序的消化，相對之後沒有這麼容易肚餓。

所以相對划算一些，如果真的要飲有味的東西，我會建議無糖汽水、檸檬水走甜、檸檬茶走甜（冷熱皆可）、無糖樽裝茶。

20 寫下自己常吃的食物卡路里

當你嘗試計算你的食物卡路里一段時間之後，你會發現很多食物你是重複吃的。這時候你可以記下經常吃的食物，有助你吃東西時更快找到所需的卡路里資料。

21 不肯定卡路里的食物少吃

當你遇著一些食物難以估計它的卡路里，又在這本書也找不到的話，我建議淺嘗就可了。因為有些東西你看起來很低卡，但其實是一個減肥陷阱。例如鮮腐竹，你以為打邊爐食一條沒有問題，其實一條細細的鮮腐竹已經有約 127 kcal，等於半碗飯。

22 糖、碳水化合物、脂肪是減肥障礙

減肥期間，糖、碳水化合物及脂肪的吸收好影響減肥的效果，因為糖及脂肪的卡路里比較多。所以要小心選擇食物，最好看看營養標籤才吃。

23 食麵包、餅乾要很小心

因為這些食物通常很高脂、高卡，有些更有反式脂肪，而且吃不飽，所以會下意識吃多了，小心小心！

24 要戒食即食麵、茶餐廳碟頭飯或大早餐

我以前很喜歡吃即食麵，可以一天吃兩個。但後來我發現淨即食麵已經約有 450 kcal，很恐怖！

另外茶餐廳碟頭飯，根據政府早前公佈，大部分茶餐廳碟頭飯離不開 900 kcal 一碟，嚴重超標！

如果真的要吃，請參考之後介紹的「炒粉麵飯」的卡路里資料，從名單中選取比較低卡的來吃。

至於大早餐，一條腸仔（90 kcal）、兩隻太陽蛋（約 180 kcal）、一份魚柳（約 400 kcal）、一塊厚多士走牛油（約 160 kcal）、一杯奶茶或咖啡（各有約 130 kcal），加起來已經嚴重超標！因此，盡量少食大早餐，而且咖啡、奶茶的糖分（1 茶匙糖 4 克，約 16 kcal）也要注意。

25 蒸肉餅、餃子高危

外出食飯我很少吃蒸肉餅或餃子。因為這兩樣東西充斥著肥豬膏，而且你猜不到究竟放了多少，所以卡路里難以估計，想食，淺嚐好了！

如果真想吃餃子，我建議在超級市場買灣仔碼頭或者 Bibigo 韓國牌子的餃子，有些款式不太有肥膏，一隻餃子的卡路里大約 40 kcal，可以接受。

26 小食，要睇住食

每粒魚肉燒賣有 49 kcal，每粒炸魚蛋有 25 kcal。

很多東西你看似很低卡，實質危機重重！所以要留意之後的文章，「下午茶美食推介」、「口痕小食」章節，要食得精明！

27 小心食雪糕

想能持續控制體重，一定要吃得精明。雪糕我也吃，但同樣要吃得精明，基本上越貴的雪糕，越多全脂奶、忌廉，越高卡！

反而在超級市場買的雪糕、雪條，有些其中用了低脂奶、奶精，所以相對比較低卡，要留意，差別可以很大！

28 每餐餐前半小時，喝一大杯暖水

如果覺得減肥好煩，沒有信心，也忍不到口。其實有一個方法是比較簡單的，就是在每餐餐前半小時喝一大杯暖水，可以幫助你每餐食少些東西。但一定不要飲冷水，壞胃。亦不可餐前才喝水，因會稀釋胃酸。

而且有文章顯示，每天額外飲一至三杯水的人，可有效減少吸收 205 kcal。

29 食每一餐之前，先飲一盒 230 毫升脫脂奶

有些朋友跟我說，減肥很難，很煩，我就教他們，最簡單的方法就是餐前飲一盒脫脂奶，增加飽肚感，之後 10 分鐘才吃東西，或者半小時前飲一杯暖水也可。

30 盡量少吃多餐

少吃多餐這個問題，我研究了很久，也找了很多資料。因為我覺得一日三餐定時定候應該是最好的，這是傳統的想法。但後來我才知道原來我們的胃每一分每一秒都在消化食物，所以定時已經不再是一個局限。

加上，少食多餐，你在未肚餓之前已經補充些少食物（我很易肚餓），亦有助穩定你的血糖，減少飢餓感覺，所以我一般會一天吃四餐加晚飯後的水果。

31 每餐吃 20 分鐘，記得慢食

肥胖的人一般有個共通點，就是通常都吃得很快。我也不例外，朋友說我的肚子像有個拉鍊，拉開拉鍊，把食物倒進去，再關上拉鍊。這種習慣令我的胃也開始不好。我看了很多書，書中提到原來肥胖跟吃得快有關。人的大腦在吃東西後大約 20 分鐘才感受到飽肚的感覺，所以拖慢進食速度，會令大腦容易傳遞飽肚的信息，相對地你覺得飽，便不會吃太多的食物。

而且有研究表明，慢嚼可減少每餐近 100 kcal，一日少 300 kcal 的熱量吸收。

32 注意食物脂肪含量

以前很肥的時候我的膽固醇一直徘徊在 6.9 左右。在一個幾高的水平，醫生開始叫我食降膽固醇藥。吃了幾年，我減肥之後膽固醇降低了就不用再食藥。體重確實是減輕了，但由於我初時只計食物卡路里留意糖、鹽的吸收量，比較忽略食物脂肪的含量，所以導致基本上我什麼也吃，包括雪糕、炸物、薯片，總之卡路里不超標我便收貨。

但後來我發覺我的壞膽固醇水平提高了，我發現除了計卡路里外，還是不夠，所以我之前也說每天的糖、鹽、脂肪的攝取是要控制的。基本上脂肪的攝取量每天不能夠多於總卡路里的 30%。

簡單說明：

薯片 A，有 100 克，卡路里 100 kcal，脂肪有 40 克。

那麼它就是有四成的卡路里是來自脂肪，所以這件食物就算做不合格。

還要留意有沒有反式脂肪，反式脂肪理論上是不能夠有的。

33 盡量增加肌肉

做運動減肥好辛苦，其實我也很少做運動。我多數是爭取平常走路的時間，一般我會每天走大約 10,000 步，爭取任何增加走路的機會。因為作為一個在職媽媽，根本無時間做運動，通常到自己有時間的時候已經是晚上十點幾，但我也要說，其實做運動可以減少脂肪比例，亦都有助更容易燃燒脂肪。例如同一時間，一磅肌肉可以燃燒 7 至 10 kcal，而一磅脂肪只能夠燃燒 2 至 3 kcal。所以有肌肉的人同無肌肉的人一起做同一種運動，有肌肉的會消耗比較多卡路里。

而且有研究顯示，減肥者每天急步走，比平日正常步速多燃燒 20% 卡路里。這樣計法，1 小時的步行可燃燒額外 90 至 120 kcal 熱量。所以急步行的作用也不能小看唷！

34 保持充足睡眠

保持充足睡眠很重要（正常成年人一般 7 至 8 小時），因為能夠令你維持正常新陳代謝。如果睡得比較少的話，新陳代謝會相對較慢，那麼減肥的成效便降低了。

美國營養學雜誌的一項研究說明，每晚只睡 4 小時的人，比睡 7 至 8 小時的人身體每日多攝入 300 kcal。因為睡眠不足會降低新陳代謝，也增加對甜食的胃口。充足休息的人運動時亦更有效率，更能燃燒卡路里。

35 飲用綠茶

綠茶含有兒茶素，兒茶素幫助身體抗氧化，維持年輕，亦可防癌。因此我最近經常飲用一款樽裝綠茶，起初我只想增強抗氧化功效，後來看到研究文章說，原來兒茶素可以減低食慾，這篇文章是我喝了一陣子樽裝綠茶之後發現的。但不約而同，我發覺自己那段時候的食慾真的沒有增加，甚至下午茶時間也少了口痕。因此我相信兒茶素減低食慾這個可能性絕對有，大家可以試一下每日飲用。我每天大約攝取 360 mg 兒茶素，大家可作參考。

兒茶素亦有藥丸裝的，在保健食品店有售。

36 多攝取益生菌

腸道健康對減肥很重要。我們的腸道裏有益菌，也有害菌，多攝取益生菌可以保持腸道健康，大便通暢，宿便減少，對減肥很有幫助。

而且有資料顯示最近某大學移植了健康人士的大便細菌到糖尿病肥胖患者身上，有接近四成糖尿病肥胖患者可以減重，初步證明維持腸道益生菌的平衡對減肥很有幫助。其實就算這個論點需要時間證明，但補充益生菌對我們是有益處的，大家也可以酌量攝取。

但請一段時間之後，換另外一款益生菌，因為其實益生菌有好多種，長期攝取同一牌子益生菌，並不會對你身體有任何幫助。

而且益生菌亦不需要長期服用。

在食物中，納豆、味噌、泡菜、優格等都是維持腸道健康的食物來源。

37 慢慢吃，分心吃

我們在吃飯時，大腦需要 20 分鐘才能夠發出飽肚的訊息，吃得太快絕對會過量。我的方法是，中午吃飯時，一邊看電話，一邊吃飯，但看電話的時候會停止吃飯（1 分鐘左右），當看完一陣，才再繼續吃飯，相反，在吃飯時停看電話。

這樣的好處是會下意識增加食飯時間，減少進食的分量，但大前提是一定不可以一邊食飯一邊看電話，要交替分開做才有效，大家可以試下。

但我回家晚飯決不會這樣做，因我堅持在小朋友面前少玩手機，晚餐是一家傾談的好時候，傾談，也就能夠慢慢吃了。

38 不要和朋友說你開始減肥

看到有些文章提議，如果想增加減肥的決心，便要和朋友說你想減肥，這樣會令你增加壓力，鞭策自己。但我的想法是完全相反，我覺得做人已經很大壓力，如果連減肥都要對自己造成壓力，這是我非常不建議的。

在這減肥初段，在計卡路里的時候雖然說你的日常生活沒有多大轉變，也不用經常去操練身體，亦不用吃代餐飲減肥湯。但自己的身心仍是要慢慢調節，這時候不需要跟朋友說太多，你只要放鬆心情，尋找適合自己的飲食方式。

始終這個減肥方法是計算卡路里，再留意自己鹽、糖、脂肪的攝取量，所以是一個長久的生活習慣改變，我是減了 20 多磅，朋友留意到我瘦了，我才說出來，讓自己的心態平常一些，也不會造成太大的心理壓力。

39 埋線減肥？

不知你們有沒有聽過埋線減肥這個減肥方式？我以前有同事試過，她說埋線減肥是不能吃某些食物。其實埋線減肥的原理是把蛋白質線埋在你身體裏，刺激你的穴位，情況就好像 24 小時不斷做針灸一樣。這個方法有人確實可以減肥，但有沒有想過做埋線減肥，如果自己不改變自己的生活方式、飲食習慣，那麼會長久有用嗎？我懷疑！

40 肌肉鍛鍊器有用？

我之前說過，我是用計卡路里，計鹽糖脂肪比例去減肥，因為我是在職媽媽，要返工，又要放工處理小朋友的事，持續做運動對於我來說很困難。老實說，減重後確實是腹部肌肉比較鬆弛，我嘗試過做仰臥起坐一些類似的收腹運動，但因為我的腰本身不太好，所以做時也有些腰痛，於是我就放棄了。

後來看到有一位外國球員推介肌肉鍛鍊器，我很有興趣，過了 1 年，我看到一篇文章，有人請教醫生究竟這一些肌肉鍛鍊器是否有效，醫生說其實這個原理是直接刺激你的肌肉神經來練肌肉。對於完全沒有做運動的人來說，用肌肉鍛鍊器比完全沒有做運動好。於是我買了一個來試一下，到現在為止，我做了大約二十多次，初步看我的腹部肌肉是緊實了，但效果不太明顯。我相信要長期做才有效，大家有興趣可以試下，但要提醒一下它的替換式黏貼凝膠價錢比較貴。但精明師奶當然會有精明的辦法買到，你明白的！

41 用最後的附錄頁記下你平常最想吃的食物卡路里

之後的章節會寫下「很多很多很多」在香港你經常會碰到的食物卡路里資料，甚至乎在家裏煮好的餸菜大約的卡路里，我也會記下來給你們參考。

當你用手機 app 記錄你吃下的飲食時，幾個月過去後，你會發現你來來去去吃的食物都是差不多的，這就是你的平常飲食習慣形態。對於你經常食的東西你絕對絕對需要在這本書的附錄中記錄下來，再影低在手機裏，方便隨時看到，那麼你在出外飲食時，便可以輕易地計算你的食物卡路里攝取量了。

42 每日應做幾多運動呢？

根據衞生署的資訊，每日只需要消耗 150 kcal 的運動量，就可以令身體獲益。

例子：
- 在 15 分鐘內跑步 1.5 公里（每 10 分鐘跑 1 公里）
- 在 30 分鐘內步行 2 公里（每 15 分鐘步行 1 公里）
- 洗車及打蠟 45 至 60 分鐘
- 洗窗或洗地 45 至 60 分鐘
- 打排球 45 分鐘
- 在 30 分鐘內踏單車 5 公里
- 跳快舞（社交舞）30 分鐘
- 推著嬰兒車在 30 分鐘內前行 1.5 公里
- 來回游泳 20 分鐘
- 打籃球（籃球賽）15 至 20 分鐘
- 跳繩 15 分鐘
- 上落樓梯 15 分鐘

你可能會問，究竟一公里即是幾遠？以下是例子：
- 灣仔地鐵站行去銅鑼灣地鐵站（1.1 公里）
- 油麻地地鐵站行去太子地鐵站（1.3 公里）
- 佐敦地鐵站行去油麻地地鐵站（800 米）

43 每日磅重

記得記得每日要磅重，如果昨天吃得比較多，今天就要比較節制！

總結：

以上所說的基本上是我這 18 個月來，由一個差不多 150 磅的肥師奶，變為大約 120 磅女士的一些減肥心路歷程。我不是一個完美主義者，但我絕對有尋根究底的習慣，所以如果我要知道一些食物的卡路里或者是一些減肥的秘訣，我一定會去搜索，所以才會有這本書的出現。

再重複我不是營養師，不是醫生，不是護士，不是減肥公司，我的資料是從各方面搜尋回來的，已經是盡力的力求準確，給你們參考。我很想你們也跟我一起減重，取回健康的身體，我的電郵地址已寫在封面摺頁，方便大家一起討論減肥心得。多謝支持本書。

再來共勉一句我非常喜歡的說話……

If you think you can, you can!

起初千萬不要勉強記下食物的卡路里。你只需要跟著本書，把食過的食物資料記錄下來就可以了，慢慢的你便會記得這些資料，千萬不要有壓力。

此外，看本書的卡路里資料是要本著對食物好奇的心去研究，千萬不要死記，也要根據自己的食物喜好來重點研究。這樣才會事半功倍。

2

美食推介

早餐推介

項目	分量	kcal / 千卡 路里（約數）
補身纖體粥	1 碗	104
燕麥片 + 咖啡三合一	1 碗 +1 杯	200
東 X 堂雞胸三文治 + 咖啡（少奶）	1 份 +1 杯	240
蕃茄雞蛋三文治(不加牛油) 熱檸茶（不加糖）	1 份 +1 杯	320
雞蛋三文治 + 咖啡（少奶）	1 份 +1 杯	380
火腿通粉（少許火腿）	1 碗	250
煎雞蛋通粉（不要蛋黃）	1 碗	240
鹹餐包	1 個	92
芝士火腿三文治	1 份	260
火腿雞蛋三文治(不加牛油)	1 份	360

美式連鎖快餐店

漢堡飽	1 個	245
芝士漢堡飽	1 個	294
魚柳飽	1 個	337
芝蛋飽	1 個	302

脆薯餅	1 件	138
細橙汁	1 杯	94
濃黑咖啡（小杯，不要奶）	1 杯	16
奶茶（大杯）	1 杯	94

港式連鎖快餐店

雞扒（去皮）	1 塊	200
蒸蘿蔔糕	1 件	50
火腿通粉（細，少許火腿）	1 碗	150
烚蛋	1 隻	74
煎蛋（兩面煎）	1 隻	96
煎太陽蛋	1 隻	90
炒蛋	1 份	204
厚白麵包	1 片	114
白麵包	1 片	74
多士	1 片	100
牛油多士	1 片	150
芝士	1 片	45
火腿	1 片	50

午餐推介

項目	分量	kcal / 千卡路里（約數）
日本飯糰店飯糰 加湯	1 個 +1 碗	約 270
生牛肉金邊粉	1 碗	500
雞扒金邊粉（去皮）	1 碗	380
日式牛肉飯店野菜煎雞飯（汁另上，去皮，減一半飯）	1 碗	450
雲吞麵	1 碗	420
魚蛋米粉（5 粒魚蛋）	1 碗	260
紫菜魚蛋米粉	1 碗	380
魚蛋河粉	1 碗	354
瘦叉燒米粉	1 碗	267
墨魚丸米粉	1 碗	350
墨魚丸麵	1 碗	370
鮮牛肉通粉	1 碗	362
鮮牛肉蕃茄湯通粉	1 碗	400
雪菜肉絲米粉	1 碗	350
餃子	1 件	60
牛柳扒	8 安士	478
西冷扒	8 安士	505
肉眼扒	8 安士	614

茶餐廳炒粉麵飯	1 碟	約 950
叉燒飯（全瘦，汁另上）	1 碟	575
白切雞飯（去皮，不加汁）	1 碟	500
白切雞飯（連皮，不加汁）	1 碟	940
豉油雞飯（連皮） （註：較高卡食物）	1 碟	770
薑蓉	1 湯匙	86
冬瓜粒湯飯	1 碗	590
有肉老火湯	1 碗	200
紅湯（無牛尾）	1 碗	117
忌廉湯	1 碗	250
皮蛋瘦肉粥	1 碗	260
碎牛肉粥	1 碗	270
粟米瘦肉粥	1 碗	250
艇仔粥	1 碗	320
及第粥	1 碗	310
白粥	1 碗	160
叉燒腸粉	1 碟	235
鹹肉粽（註：較高卡食物）	1 隻	690

鹹水粽	1 隻	310
油條	1 孖	520
炸兩	1 份	270
蒸蘿蔔糕	1 件	50
煎蘿蔔糕	1 件	100
炒米粉（註：較高卡食物）	1 碟	660
炒麵（註：較高卡食物）	1 碟	680
齋腸粉（連醬）	4 條	400
齋腸粉（加豉油）	4 條	300

下午茶推介

項目	分量	kcal / 千卡路里（約數）
香蕉 （註：有飽感，也有碳水化合物、纖維，有鉀助排水）	1 條	70
脫脂奶	1 盒	100
鈣思寶（原味）	1 包	88
百邦天然酵母原味梳打餅	1 塊	14
炸魚蛋	5 粒	125
燒賣（註：較高卡食物）	5 粒	245
麵豉湯	1 碗	30
栗子	1 小包	66
日清春雨粉絲（雞味）	1 碗	147
芝蛋包	1 個	302
漢堡飽	1 個	245
粒粒粟米杯（細）	1 杯	54
白麵包	1 片	74
中型蘋果	1 個	60
馬莎細薯片	1 包	97
馬莎爆谷	1 包	127

明輝印尼蝦片	20 克	100
蒟蒻麵	1 包	32
鮮奶麥片	1 碗	220
加營素（2 湯平匙） + 麥皮（25 克）	1 碗	230

另外，還有很多小食可以留意，例如：
卡樂 B 脆之豆、四洲紫菜、Wise Cottage
Fries 蕃茄味薯片、低卡雪條、無卡路里蒟蒻等
等。

以上都是我平日的早餐、午餐和下午茶經常食到
的東西。大家可以參考一下，如果慢慢選擇，其
實也可以找到很多適合食又好食而卡路里又不高
的食物啊！

我一般選擇在家吃晚餐，每種食物的卡路里，後
文會介紹。

大家在選擇的同時，也要留意，早餐我會建議攝
取約 300 kcal，中午 400 kcal，晚餐大約 500
kcal。另外，下午可以吃 200 kcal 左右的小食。
緊記緊記！

53

3

各類食物
的卡路里

CALORIE

小食店早餐

POINT

小心吃吉列做法的食物，還有炒麵、炒米粉、煙肉類別。

項目	分量	kcal / 千卡路里（約數）
腸仔炒蛋	各 1 件	260
煎雞扒（去皮）	100 克	200
蒸雞柳	1 件	55
奄列	200 克	360
火腿奄列	1 份	290
齋腸粉	1 條	70
齋腸粉（連醬）	1 條	100
魚肉燒賣	1 粒	49
花生醬	1 湯匙	95
煎蘿蔔糕	1 件	100
炸魚柳	1 件	220
多士	1 片	78
厚多士（不要牛油）	1 片	160
牛油多士	1 片	150
麥包	1 片	114

中型肉腸	1 條	166
焗豆	1/4 杯	60
煎蕃茄	1 個	60
蒜蓉包	1 片	150
白粥	1 碗	160
皮蛋瘦肉粥	1 碗	260
粟米瘦肉粥	1 碗	250
油條	1 份	250
炒麵	1 碟	680
炒米粉	1 碟	660
有糖豆漿	1 杯	93
無糖豆漿	1 杯	55
炒蛋	2 隻	230
維他奶	1 包 (250 毫升)	118
鈣思寶（原味）	1 包 (250 毫升)	88
維他低糖檸檬茶	1 包 (250 毫升)	50
美式連鎖快餐店精選早晨套餐	1 份	597

All Day breakfast 全日早餐

炒蛋	2 隻	230
班尼迪蛋	2 隻	553
中型肉腸	1 條	166
煙肉	1 片	215
煙三文魚	1 片	45
煎火腿	1 片	55
煎蕃茄	1 個	68
煎蕃茄仔	3 個	33
煎大蘑菇	1 隻	64
炒蘑菇	1 份	64
沙律菜	1/2 杯	4
炒菠菜	1 份	57
茄汁焗豆	1 份	60
炸薯粒	1 份	219
炸薯餅	1 塊	138
細牛角包	1 個	114
麥包	1 片	114

早餐麵食及麥皮

POINT

即食麵的卡路里很高，等於 2 碗飯有多，慎食。

項目	分量	kcal / 千卡路里（約數）
雪菜肉絲米粉	1 碗	350
火腿通粉（少許火腿）	1 碗	250
火腿雞蛋通粉	1 碗	350
叉燒通粉(4 件半肥瘦叉燒)	1 碗	330
蕃茄通粉	1 碗	350
午餐肉雞蛋即食麵	1 碗	680
沙爹牛肉即食麵	1 碗	640
榨菜肉絲米粉	1 碗	350
五香肉丁即食麵	1 碗	710
炒麵	1 碗	680
通粉	1 碗	136
出前一丁即食麵	1 碗	457
日本版出前一丁即食麵	1 碗	463
麥皮（脫脂奶 + 煉奶 + 糖）	1 碗	410

59

煎雙蛋通粉（不要蛋黃）	1 碗	238
煎雙蛋（不要蛋黃)/ 通粉	1 碗	71 / 167
無糖麥皮（脫脂奶）	1 碗	180
麥皮（全脂奶）	1 碗	288

CALORIE

三文治

POINT

最喜歡吃不加牛油的腿蛋治，或者不加牛油
的吞拿魚三文治。

項目	分量	kcal / 千卡路里（約數）
雞蛋三文治（不加牛油）	1 份	345
火腿雞蛋三文治	1 份	398
火腿雞蛋三文治(不加牛油)	1 份	360
蕃茄雞蛋三文治(不加牛油)	1 份	290
火腿三文治（不加牛油）	1 份	185
餐肉雞蛋三文治	1 份	563
吞拿魚三文治	1 份	330
吞拿魚三文治（不加牛油）	1 份	285
公司三文治	1 份	1078
煙肉火雞三文治	1 份	440
碎蛋三文治	大份 / 普通	465 / 390
燒牛肉三文治	1 份	467
雞蛋沙律三文治	1 份	390
鹹牛肉三文治	1 份	566

芝士火腿三文治	1 份	260
燒雞三文治（不加沙律醬）	1 份	376
蕃茄火腿三文治	1 份	220
雞蛋免治牛肉三文治	1 份	500
煙三文魚法包（不加牛油）	1 份	384
吞拿魚芝士飛碟	1 份	566

雞蛋

項目	分量	kcal / 千卡路里（約數）
煮蛋（焓蛋）	1 隻	74
煎蛋（太陽蛋）	1 隻	90
煎蛋（兩面煎）	1 隻	96
炒蛋	1 隻	115
茶葉蛋	1 隻	78
煎雙蛋（不要蛋黃）	1 份	71

麵包及蛋糕

想要低卡一點的選擇，可吃燕麥包、提子麥包、合桃包、白方包。留意菠蘿包、牛角酥、丹麥條、有餡麵包會比較高卡。

項目	分量	kcal / 千卡路里（約數）
白方包（註：飽足感低）	1 片	74
厚切白方包	1 片	114
生命麵包（連皮）	1 片	80
麥方包（連皮）	1 片	90
菠蘿包	1 個	343
鹹餐包	1 個	92
雞尾包	1 個	334
無餡甜餐包	1 個	260
火腿蛋包	1 個	250
薄餅麵包	1 個	299
腸仔包	1 個	255
吞拿魚包	1 個	319
豬仔包	1 個	215
肉鬆包	1 個	265

西餅	1 件（76 克）	251
奶油多士	1 片	263
奶醬多士	1 片	275
占醬多士	1 片	268
咖央多士	1 片	296
丹麥條	1 個	426
冬甩	1 個	234
椰絲奶油包	1 個	378
蒜蓉包	1 個	273
比高包	1 個	192
牛角包	1 個（57 克）	231
豬扒包	1 個	567
迷你牛角包	1 個	114
叉燒包	1 個	210
提子麥包（註：有飽足感）	1 個	211
燕麥包	1 個	170
饅頭	1 個	198
餐肉包	1 個	213
熱狗	1 個	360
麵包舖魚柳包	1 個	400
東海堂北海道 3.6 牛乳方包	1 片	180

切片蛋糕	1 件	270
雪芳蛋糕	1 個	350
紙包蛋糕	1 個	238
蛋撻	1 件	217

CALORIE

港式連鎖快餐店早餐

POINT

港式連鎖快餐店的早餐相對上算健康,記得
肉類去皮,飲品用代糖,凍飲的糖水另上。

項目	分量	kcal / 千卡 路里(約數)
皮蛋瘦肉粥	1 碗	260
粟米瘦肉粥	1 碗	250
香茜鮮魚粥	1 碗	340
南瓜雞絲粥	1 碗	320
蠔豉瘦肉粥	1 碗	210
南冰魚柳	1 份	415
蜜糖雞扒 + 煎雙蛋	1 份	490
蜜糖雞扒 + 煎雙腸	1 份	470
吉列森巴豬扒 + 餐肉	1 份	490
吉列森巴豬扒 + 火腿	1 份	475
火腿 + 腸仔 + 煎蛋	1 份	580
餐肉 + 腸仔 + 煎蛋	1 份	500
齋腸粉(連醬)	1 條	100
蝦米腸粉	1 份	230
叉燒腸粉	1 份	235

鮮蝦腸粉	1 份	220
炸兩	1 份	270
蛋黃鹹肉粽（中）	1 隻	360
火腿絲扭紋粉	1 碗	335
蕃茄肉碎煎蛋米粉	1 碗	514
鮮奶麥皮	1 碗	220

CALORIE

早餐飲品

POINT

早餐最好飲不加糖的熱檸茶或者熱檸水。

項目	分量	kcal / 千卡路里（約數）
熱奶茶	1 杯	130
凍奶茶	1 杯	140
熱奶茶（不加糖）	1 杯	106
熱咖啡（有奶）	1 杯	130
凍咖啡	1 杯	148
熱咖啡（不加糖、奶）	1 杯	5
熱檸檬茶（不加糖）	1 杯	30
凍檸檬茶	1 杯	148
無糖豆漿	1 杯	55
黑豆漿	1 杯	93
鮮榨果汁	200 毫升	160
紅豆冰	1 杯	260
熱檸蜜	1 杯	96
糖	1 包	30
糖	1 茶匙	16

熱飲少奶		減 30 kcal
凍飲少甜		減 45 kcal

炒粉麵飯

食碟頭飯，無可避免會增加卡路里，唯有選擇有多些菜的食品。

項目	分量	kcal / 千卡路里（約數）
炒麵	1 碟	680
炒米粉	1 碟	660
乾炒牛河	1 碟	1243
星洲炒米	1 碟	1100
乾燒伊麵	1 碟	1300
雪菜肉絲炆米	1 碟	860
海鮮炒烏冬	1 碟	890
豉椒排骨炒麵	1 碟	1500
枝竹火腩飯	1 碟	1400
時菜牛肉飯	1 碟	770
冬菇蒸雞飯	1 碟	660
方魚肉碎冬瓜粒泡飯	1 碗	628
冬瓜粒湯飯	1 碗	590
洋蔥豬扒飯	1 碟	1278

鹹魚雞粒炒飯	1 碟	1189
菠蘿雞絲炒飯	1 碟	1500
揚州炒飯	1 碟	1200
菜遠排骨飯	1 碟	1465
生炒牛肉飯	1 碟	1200
生炒雞絲飯	1 碟	1200
瑤柱蛋白炒飯	1 碟	1200
西炒飯	1 碟	1300
福建炒飯	1 碟 / 1 碗	1400 / 470
粟米肉粒飯	1 碟	990
焗豬扒飯	1 碟	1300
焗肉醬意粉	1 碟	840
滑蛋蝦仁飯	1 碟	750
魚香茄子飯	1 碟	1100
土魷蒸肉餅飯	1 碟	1200
肉餅飯	1 盅	1200
蒸鯇魚飯	1 碟	930
豉汁鳳爪排骨飯	1 碟	820
鴨腿湯飯	1 碗	714
海南雞飯（去皮）	半份 / 全份	660 / 1005
臘腸糯米飯	1 碗	584

牛腩撈麵	1 碟	670
咖喱牛腩飯	1 碟	1300
豉椒鮮魷飯	1 碟	524
西班牙海鮮飯 (細)	1 碟	421
鰻魚飯	1 碟	664
白切雞飯	1 碟	940
牛肉石鍋飯	1 鍋	861
雞肉石鍋飯	1 鍋	940
雜錦石鍋飯	1 鍋	846
野菜煎雞飯 (去皮，汁另上)	1 碗	550

茶樓點心及其他

蒸鳳爪、棉花雞、雞扎、燒賣、山竹牛肉、鮮竹卷、豉汁蒸排骨、豉汁蒸魚雲、叉燒酥、春卷的脂肪含量極高，小心進食。

項目	分量	kcal / 千卡路里（約數）
叉燒包	1 個	143
叉燒餐包	1 個	250
叉燒酥	1 件	168
蓮蓉包（細）	1 個	90
奶皇包	1 個	140
菜肉包	1 個	372
豆沙包（細）	1 個	80
炸饅頭	1 個	277
蒸饅頭	1 個	60
小籠包	1 件	64
雞包仔	1 個	114
蘿蔔絲酥餅	1 件	199
蝦餃	1 件	56
魚翅餃	1 件	39

燒賣	1 件	58
牛肉球	1 件	88
排骨	1 件	37
春卷	1 件	112
芋角	1 件	113
灼菜（走油）	1 碟	56
潮州粉果	1 件	113
上素粉果	1 件	47
雞扎	1 件	45
鮮竹卷	1 件	60
糯米雞	1 隻	400
珍珠雞	1 隻	210
豬腳薑	1 件	87
棉花雞	1/3 籠	71
黑椒排骨	1 碟	971
鳳爪	1 隻	25
牛柏葉	1 碟	348
蘿蔔糕（蒸）	1 件	50
芋頭糕（蒸）	1 件	80
甜年糕（蒸）	1 件	80
馬蹄糕（蒸）	1 件	70

蔥油餅	1 塊	504
鮮蝦腸粉	1 條	90
牛肉腸粉	1 條	79
叉燒腸粉	1 條	140
齋腸粉	1 條	70
齋腸粉（連醬）	1 條	100
蝦米腸	1 條	200
炸兩	1 碟	550
福建炒飯	1 碗	470
伊麵	1 碗	210
瑤柱蛋白炒飯	1 碗	150
炸鯪魚球	1 件	90
煎堆	1 件	250
腐皮卷	1 件	127
炸雲吞	1 件	97
咖喱角	1 件	246
炸蟹鉗	1 件	150
馬拉糕	1/3 件	118
馬拉糕（方形）	1 件	353
香蕉糕	1 件	144
白糖糕	1 件	260

魚翅	1 碗	70
紅豆沙	1 碗	240
鹹肉粽	1 隻	690
鹼水粽	1 隻	310
盆菜	1 碗	950
蛋黃鹹肉粽（中）	1 隻	360
豉油皇炒麵	大碟 / 中碟	680 / 486
炒粉麵	1 小碗	約 150
炒飯	1 小碗	約 210

燒味

POINT

食得燒味飯，預了豁出去，盡量揀瘦叉燒，雞鴨鵝去皮，但好難，唯有少汁。1 件去皮雞鴨鵝可減大約 5-10 kcal，1 碟碟頭飯大約有 2 碗飯，440 kcal。可以多叫 1 碟菜，加蠔油或者豉油。

項目	分量	kcal / 千卡路里（約數）
叉燒飯（少汁）	1 碟	1000
叉燒飯（少汁，全瘦）	1 碟	575
油雞飯（少汁）	1 碟	770
切雞飯（少汁）	1 碟	930
叉燒鴨飯（少汁）	1 碟	885
燒鴨飯（少汁）	1 碟	840
叉燒油雞翼飯（少汁）	1 碟	671
油雞鴨飯（少汁）	1 碟	880
燒鵝飯（少汁）	1 碟	970
三寶飯（少汁）	1 碟	1450
油髀飯（少汁）	1 碟	950
迷你瘦叉燒飯	1 碗	360
海南雞飯（去皮，半碗飯）	1 碟	660

燒鴨（連皮）	100 克	339
燒鴨（去皮）	100 克	201
燒鵝（連皮）	100 克	305
燒鵝（去皮）	100 克	238
燒肉（連皮）	100 克	330
燒肉（去皮）	100 克	227
叉燒（半肥瘦）	100 克	323
叉燒（瘦）	100 克	293
白切雞	100 克	198
白切雞（連皮）	1 件（約 15 克）	28
燒鵝（連皮）	約 25 克	76
乳豬	約 45 克	80
燒腩肉	約 25 克	127
鹹蛋	1 隻	94
薑蓉	1 湯匙	86

CALORIE

餃子及其他

POINT

注意餃子的餡料有很多肥肉，但萬變不離其宗，無論哪款餃子，卡路里都差不多。

項目	分量	kcal / 千卡路里（約數）
菜肉餃	1 件	36
素菜餃	1 件	30
韭菜餃	1 件	38
菜肉雲吞	1 件	38
菜肉鍋貼	1 件	76
小籠包	1 件	64
酸辣湯（細）	1 碗	110
碗仔翅	1 碗	240

CALORIE

粥

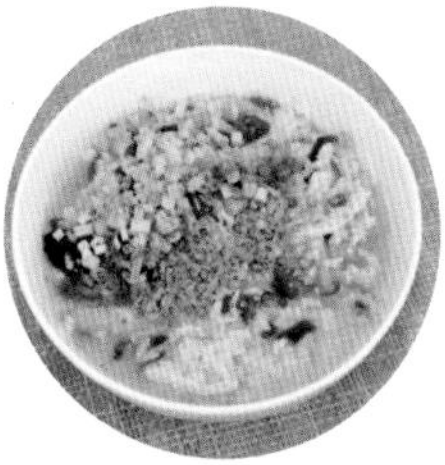

項目	分量	kcal / 千卡路里（約數）
白粥	1 碗	160
艇仔粥	1 碗	320
皮蛋瘦肉粥	1 碗	260
粟米瘦肉粥	1 碗	250
香茜鮮魚粥	1 碗	340
南瓜雞絲粥	1 碗	320
蠔豉瘦肉粥	1 碗	210
及第粥	1 碗	310
碎牛肉粥	1 碗	270
肉碎粥	1 碗	285
生滾牛肉粥	1 碗	147
魚片粥	1 碗	234
柴魚花生粥	1 碗	290
泥鯭粥	1 碗	218
粟米粥	1 碗	172

粉麵飯類

項目	分量	kcal / 千卡路里（約數）
即食麵	1 碗（140 克）	453
河粉	1 碗（140 克）	284
米線	1 碗（140 克）	264
粗麵 / 幼麵	1 碗（140 克）	210
通粉	1 碗（140 克）	221
意粉	1 碗（140 克）	221
伊麵	1 碗（140 克）	404
油麵	1 碗（140 克）	255
米粉	1 碗（140 克）	192
蒟蒻麵	1 碗（140 克）	55
上海幼麵	1 碗（140 克）	264
金邊粉	50 克	180
烏冬	1 個	250
白飯	1 碗（140 克）	220
麥皮	4 湯匙滿（48 克）	148

	麵 kcal / 千卡 路里（約數）	米粉 kcal / 千卡 路里（約數）	河粉 kcal / 千卡 路里（約數）
鮮蝦雲吞	420	400	494
韭菜餃	383	363	457
白菜水餃	380	360	454
菜肉雲吞	418	398	492
魚蛋	280	260	354
牛丸	380	360	454
牛腩	550	530	624
牛筋	480	460	554
墨魚丸	370	350	443
貢丸	480	460	554
魚皮餃	410	390	484

註：湯粉麵（1 碗）

項目	分量	kcal / 千卡路里（約數）
雪菜肉絲米粉	1 碗	350
雜豆雞扒米粉	1 碗	348
酸辣粉	1 碗	588
牛丸、墨魚丸河粉	1 碗	734
紫菜魚蛋米粉	1 碗	380
牛筋湯幼麵	1 碗	480
水餃麵	1 碗	380
牛腩撈麵	1 碗	550
牛腩米粉	1 碗	530
越式雞扒金邊粉（去皮）	1 碗	380
生牛肉河粉	1 碗	604
蕃茄牛肉湯麵	1 碗	350
鮮蝦雲吞	1 粒	40
炸魚蛋	1 粒	25
蝦丸	1 粒	23
牛丸	1 粒	20
貢丸	1 粒	58
墨魚丸	1 粒	27
油菜（白灼 + 蠔油）	1 份	80

CALORIE

車仔麵

POINT

米粉比較低卡路里。注意，湯底有很多油，
1 湯匙油大約有 120kcal，所以盡量不要飲湯。

項目	分量	kcal / 千卡 路里（約數）
米粉	1 碗	192
粗麵 / 幼麵	1 碗	210
河粉	1 碗	284
油麵	1 碗	255
煎蛋（兩面煎）	1 隻	96
冬菇	1 件	10
香腸	1 條	90
午餐肉	1 件	100
墨魚丸	1 粒	27
雞中翼	1 件	99
去皮雞中翼	1 件	50
雞全翼	1 件	180
雞腳	1 隻	102
枝竹	20 克	77
油豆腐	1 件	30

85

紅腸	20 克	50
火腿	1 片	50
鮮蝦雲吞	1 粒	40
豬皮	1 件	104
豬紅	1 件（20 克）	11
豬腸	1 件（20 克）	39
滷水蛋	1 隻	77
炸魚蛋	1 粒	25
金菇	20 克	8
咖喱魚蛋	1 粒	14
牛丸	1 粒	20
墨魚丸	1 粒	27
菜	1 件	15
魷魚	1 件	16
牛孖筋	20 克	35
牛肚	20 克	17
牛腩	25 克	43
蘿蔔	1 件	27
紫菜	20 克	7
蟹柳	1 件	16
辣油	1 湯匙	160

CALORIE

米線配料

POINT

注意：麻辣湯底、蕃茄湯底的卡路里很高。

項目	分量	kcal / 千卡路里（約數）
腩肉	1 件	40
雞肉	1 件	20
牛肉	1 件	17
芽菜	20 條	2.1
韭菜	30 條	0.7
竹笙	1 件	8
腐皮	1 件	29
豆卜	1 件	30
魚腐	1 件	35
火腿（細）	1 片	35
墨魚丸	1 粒	27
貢丸	1 粒	58
魚蛋	1 粒	25
牛丸	1 粒	20
炸醬	1 湯匙	40

CALORIE

連鎖米線店

項目	分量	kcal / 千卡路里（約數）
淨米線	1 碗	264
米線（清湯底）	1 碗	330
米線（蕃茄湯底）	1 碗	350
米線（酸辣湯底）	1 碗	350
米線（胡麻湯底）	1 碗	380
火腿	1 片	50
雞肉	1 件	20
炸醬	約 4 湯匙	160
酸菜	1 份	22
豆卜	1 件	30
腩肉	1 件	40
豬肉	1 件	23
豬潤	1 件	33
牛肉	1 件	17
墨魚丸	1 粒	27
腐皮	1 件	29
竹笙	1 件	8
鮮冬菇	1 件	10

白魚蛋	1 粒	8
牛丸	1 粒	20
芽菜	1 份	14
韭菜	1 份	15
炸魚片（非魚片頭）	1 件	17
生菜	1 份	18
木耳	1 份	20
金菇	1 份	28
魚腐	1 件	35
貢丸	1 粒	58

CALORIE

兩餸飯

POINT

除特別註明外，以下食物以每 100 克計算，即大約 1 樽益力多的分量，也等於一手掌心大小的肉。另外，兩餸飯的飯量一般也有接近 2 碗飯，即 440 kcal，可少飯。

項目	分量	kcal / 千卡路里（約數）
炸雞翼（中翼）	1 件	180
蒸臘腸	1 條（60 克）	350
獅子球	1 份	333
梅菜扣肉	1 份	398
椒鹽排骨	1 份	290
鹹魚肉餅	1 份	250
豉椒蒸排骨	1 份	240
蝦仁炒蛋	1 份	230
中式牛柳	1 份	170
粟米魚塊	1 份	170
西檸雞	1 份	225
魚香茄子	1 份	140
麻婆豆腐	1 份	140
西蘭花炒魚塊	1 份	110

菠蘿咕嚕肉	1 份	240
滷水雞髀去皮	1 份	140
欖菜肉碎四季豆	1 份	130
西芹炒雞柳	1 份	92
炒藕片	1 份	92
北菇西蘭花	1 份	48
蒸水蛋	1 份	64
海鮮蒸水蛋	1 份	82
羅漢齋	1 份	60
豉汁原條蒸魚	1 份	109
涼瓜牛肉	1 份	95
蕃茄炒蛋	1 份	85

日式連鎖漢堡包店

個人很喜歡金 x 牛蒡堡，配健怡可樂、細薯條，
有時也會飲粟米湯。

項目	分量	kcal / 千卡 路里（約數）
摩 x 漢堡	1 個	404
摩 x 芝士漢堡	1 個	417
照燒牛肉漢堡	1 個	452
照燒雞肉漢堡	1 個	381
元氣漢堡	1 個	391
黑醋雞肉漢堡	1 個	459
脆雞漢堡	1 個	355
吉列蝦漢堡	1 個	409
魚柳漢堡	1 個	406
北海道南瓜薯餅漢堡	1 個	384
海鮮珍珠堡	1 個	340
烤牛肉珍珠堡	1 個	497
金 x 牛蒡珍珠堡	1 個	280
熱狗	1 個	340
辛味熱狗	1 個	271
厚切薯條	1 份	231

北海道南瓜薯餅	1 份	276
摩 x 脆雞	1 份	343
摩 x 雞塊	1 份	231
綠田園沙律	1 份	17
粟米湯	1 碗	34
周打蜆湯	1 碗	69
咖啡	1 杯	5
鮮奶咖啡	1 杯	29
鮮奶咖啡特飲（凍）	1 杯	36
抹茶鮮奶	1 杯	70
抹茶鮮奶特飲（凍）	1 杯	88
熱茶	1 杯	0
奶茶（凍）	1 杯	92
檸檬茶（凍）	1 杯	59
熱朱古力	1 杯	121
朱古力特飲（凍）	1 杯	84

CALORIE

美式連鎖快餐店

POINT

我覺得芝蛋包是最有營養而且新鮮的。

項目	分量	kcal / 千卡路里 (約數)
豬柳漢堡	1 個	361
豬柳蛋漢堡	1 個	427
辣雞腿飽	1 個	461
火腿扒芝士飽	1 個	346
漢堡飽	1 個	245
燒雞腿飽	1 個	358
魚柳飽	1 個	337
煙肉蛋漢堡	1 個	266
芝蛋飽	1 個	302
雙層芝士孖堡	1 個	434
蘑菇安格斯	1 個	644
芝士漢堡飽	1 個	294
巨 x 霸	1 個	496
芝士安格斯	1 個	580
香雞包	1 個	380
熱香餅	2 件	216

熱香餅	3 件	323
精選早晨套餐	1 份	597
熱香餅精選套餐	1 份	637
珍寶套餐	1 份	813
燒雞腿扭扭粉 （清雞湯味）	1 份	335
火腿扒蛋扭扭粉 （清雞湯味）	1 份	435
豬柳蛋扭扭粉 （清雞湯味）	1 份	452
燒雞腿扭扭粉 （豬骨湯味）	1 份	347
火腿扒蛋扭扭粉 （豬骨湯味）	1 份	447
豬柳蛋扭扭粉 （豬骨湯味）	1 份	469
Mini 雜菜蛋扭扭粉	1 份	163
烤雞凱撒沙律	1 份	248
凱撒沙律	1 份	127
蘋果批	1 件	228
Double 新地	1 杯	444
朱古力新地	1 杯	343
士多啤梨新地	1 杯	294

新地筒	1 個	137
旋風	1 杯	351
朱古力奶昔（大 / 細）	1 杯	371 / 279
士多啤梨奶昔(大 / 細)	1 杯	359 / 269
x 樂雞	4 件	211
x 樂雞	6 件	316
x 樂雞	9 件	474
脆香雞翼	2 件	242
脆香雞翼	4 件	483
細薯條	1 份	225
中薯條	1 份	313
大薯條	1 份	393
脆薯餅	1 件	138
粒粒粟米杯（細）	1 份	54
粒粒粟米杯	1 份	81
粒粒粟米杯（珍寶）	1 份	126
藍莓高鈣低脂乳酪	1 杯	75
熱朱古力	1 杯	56
熱新鮮檸檬水	1 杯	9
優質即磨咖啡	1 杯	84
熱新鮮檸檬茶	1 杯	12

港式奶茶（大／細）	1 杯	94 / 70
優質濃香咖啡 （不要奶）	1 杯	3
高鈣低脂牛奶飲品	1 杯	139
橙汁（大／細）	1 杯	151 / 94
Q 豆奶	1 包	72
豆漿	1 杯	169
汽水（大／中／細）	1 杯	225 / 148 / 107
蜂蜜梨茶（大／中／細）	1 杯	205 / 141 / 106
凍新鮮檸檬茶	1 杯	10
凍優質濃香咖啡	1 杯	80
凍港式奶茶（大／細）	1 杯	133 / 88
熱香餅糖漿	1 份	128
植物牛油	1 份	35
燒烤醬	1 份	54
芥末醬	1 份	70
甜酸醬	1 份	59
茄汁	1 份	11
凱撒沙律汁	1 份	93
焙煎芝麻沙律汁	1 份	103
提子果醬	1 份	37

開心餐

芝蛋飽	1 個	302
魚柳飽	1 個	337
漢堡飽	1 個	245
熱香餅	2 件	182
雜菜蛋扭扭粉	1 個	163
粒粒粟米杯（細）	1 份	54
脆薯餅	1 份	138
細薯條	1 份	225
x 樂雞	4 件	211
橙汁（細）	1 杯	94
熱新鮮檸檬水	1 杯	9

美式連鎖炸雞店

POINT

這店是我喜愛的食店之一，如吃雞的話，我
一定去皮食，因為卡路里差很多。記得最好
喝檸檬水、檸檬茶，或者無糖汽水。

項目（雞連皮計）	分量	kcal / 千卡 路里（約數）
爆脆雞全翼	1 件	190
爆脆雞胸	1 件	510
爆脆雞下髀	1 件	150
狂惹燒雞全翼	1 件	80
狂惹燒雞胸	1 件	230
狂惹燒雞下髀	1 件	120
原味鄉下雞胸	1 件	340
原味鄉下雞下髀	1 件	150
辣脆雞全翼	1 件	170
辣脆雞胸	1 件	350
辣脆雞雞下髀	1 件	170
狂惹燒雞胸（去皮）	1 件	150
辣香雞翼	1 件	70
雞寶	1 件	40

葡撻	1 件	160
格薯塊	1 份	180
迷你炸雞粒（雞米）（細）	1 份	239
香熱粟米	1 份	70
馬鈴薯蓉（有汁）	1 份	50
菜絲沙律	1 份	180
辣雞腿包	1 個	630
雞扒辣汁蘑菇飯	1 份	627
辣汁蘑菇飯（細）	1 份	110
鄉下雞皇飯（細）	1 份	130

CALORIE

家常餸菜

POINT

如果有飲湯習慣，就先飲湯。先吃菜，最
後才吃肉（1 片肉，大約 1/3 手掌大小）。
100 克的分量，大約是 1 樽益力多的分量，
也等於一手掌心大小的肉。

項目	分量	kcal / 千卡路里（約數）
半肥瘦叉燒	100 克	323
瘦叉燒	100 克	293
炒菜	1 碗	120
金銀蛋炒莧菜	100 克	140
炒芽菜	100 克	63
燒茄子（蒜味 / 醬燒）	100 克	74 / 147
粉絲	半碗	80
炒雞肉	1 片（1/3 手掌大）	30
炒豬肉	1 片（1/3 手掌大）	30
炒牛肉	1 片（1/3 手掌大）	30
煎雞肉	1 片（1/3 手掌大）	50
煎豬肉	1 片（1/3 手掌大）	50
煎牛肉	1 片（1/3 手掌大）	50
煎豬扒	2 件（100 克）	375

101

我的減肥之旅

牛腩	2 件	149
煎雞翼（細，連皮）	4 件	280
煎雞胸（連皮）	100 克	167
豆豉蒸排骨	6-9 件	250
豆豉蒸梅頭	8-9 件	180
青椒炒牛肉	100 克	228
海鮮煲	100 克	240
蔥爆豬肉	100 克	536
薯仔煮牛肉	100 克	232
蕃茄炒蛋	100 克	85
紅燒肉	100 克	478
炒薯仔絲	100 克	100
瑞典家居店肉丸	1 粒	50
午餐肉	1 件	100
蒸釀豆腐	1 件	80
麻婆豆腐	100 克	140
咕嚕肉	100 克	240
梅菜蒸魚腩	100 克	570
蒸魚（小）	約 400 克	384
蒸鯇魚	100 克	120
海鮮粉絲煲	100 克	390
西蘭花炒牛肉	100 克	650
西檸雞	100 克	225

湯

項目	分量	kcal / 千卡路里（約數）
酸辣湯（細）	1 碗	110
碗仔翅	1 碗	240
魚翅	1 碗	70
意大利菜湯	1 碗	140
蕃茄湯	1 碗	90
冬蔭公湯	1 碗	80
薯仔湯	1 碗	80
忌廉粟米湯	1 碗	183
南瓜湯	1 碗	154
周打蜆湯	1 碗	137
青紅蘿蔔豬骨湯	330 毫升	222
蕃茄薯仔湯	330 毫升	170
椰子花膠烏雞湯	330 毫升	182
紫菜蛋花湯	330 毫升	118
豆腐味噌湯	330 毫升	117
蕃茄蛋花湯	330 毫升	144
羅宋湯	330 毫升	152
南瓜忌廉湯	330 毫升	234

雞肉蘑菇忌廉湯	330 毫升	267
扁豆湯	330 毫升	205
鹹瘦肉節瓜湯（不連渣）	1 碗	30
節瓜瑤柱粉絲湯（不連渣）	1 碗	20

CALORIE

蔬菜

POINT

已炒熟的菜。炒菜加 1 湯匙油大約 100kcal。

項目	分量	kcal / 千卡路里（約數）
生菜	100 克	14
莧菜	100 克	40
豆苗	100 克	40
紅蘿蔔	100 克	19
白蘿蔔	100 克	20
芋頭	100 克	94
蕃薯	1 條	160
粟米	1 條	70
金菇	100 克	37

105

我的減肥之旅

煲仔飯

1 煲煲仔飯大約有 2 碗飯，約 440 kcal。

項目	分量	kcal / 千卡路里（約數）
鳳爪排骨飯	1 煲	1320
荔芋臘腸煲仔飯	1 煲	1200
白鱔煲仔飯	1 煲	750
臘味飯	1 煲	1000
土魷肉餅飯	1 煲	962
北菇雞飯	1 煲	890
窩蛋牛肉飯	1 煲	870
田雞飯	1 煲	710
欖菜大鱔飯	1 煲	1700
麻辣海鮮飯	1 煲	890

CALORIE

火鍋

項目	分量	kcal / 千卡路里（約數）
肥牛	1 片	60
牛頸脊	1 片	10
豬脊肉	1 片	72
豬肉	100 克	143
獅子狗卷	100 克	127
蜆	100 克	11
蠔	100 克	14
魷魚	100 克	75
炸魚蛋	1 粒	25
白魚蛋	1 粒	8
炸腐皮	100 克	472
生根	1 件	96
豆腐	1 磚	76
蝦	1 隻	8
帶子	100 克	100
蟹	100 克	90
龍蝦	100 克	100
豆卜	1 件	30

餃子	1 件	50
芝士腸	2 小條	58
腸仔	1 條	90
枝竹	100 克	385
腐竹	100 克	387
響鈴	1 件	85
蟹柳	1 件	16
貢丸	1 粒	58
金菇	1 束（100 克）	37
墨魚丸	1 粒	27
粉絲	23 克	80
粟米	1 條	70
芋絲	1 件	3
生菜	100 克	14
莧菜	100 克	40
豆苗	100 克	40
紅蘿蔔	100 克	19
白蘿蔔	100 克	20
芋頭	100 克	94

火鍋湯底和醬料

項目	分量	kcal / 千卡路里（約數）
清湯	100 毫升	42
皮蛋芫茜湯	100 毫升	32
沙爹湯	100 毫升	450
麻酸辣湯	100 毫升	450
豆腐津白湯連湯渣	100 毫升	209
紅蘿蔔蕃茄粟米湯	100 毫升	422
胡椒豬肚湯	100 毫升	650
腐乳	1 湯匙（20 克）	40
麻醬	1 湯匙（20 克）	120

盆菜

項目	分量	kcal / 千卡路里（約數）
燒鴨	1 件	133
枝竹	1 件	119
鴨掌	1 件	53
瑤柱	1 粒	34
蠔豉	1 件	53
迷你鮑魚	1 件	63
鮑魚	1 件	189
油雞	1 件	98
切雞	1 件	70
海中蝦	1 隻	8
西蘭花	1 朵	23
炸魚蛋	1 粒	25
蓮藕	1 件	29
冬菇	1 件	10
蘿蔔	1 件	27
豬皮	1 片	104
燜腩肉	1 件	105
髮菜	1 撮	86

魷魚	1 件	60
芋頭	1 件	35
炸芋頭	1 件	56

CALORIE

上海菜

POINT

100 克分量，大約一個手心大小。餐廳碗大約 100 克，家用碗大約 150 克。

項目	分量	kcal / 千卡路里（約數）
醉雞	1 件	55
四喜烤麩	100 克	92
雞絲拌粉皮	100 克	177
鎮江肴肉	100 克	120
麻婆豆腐	100 克	144
紅燒豆腐	100 克	90
蜜汁火方	100 克	319
回鍋肉	100 克	287
紅燒獅子頭	1 件	235
醬爆雞丁	100 克	107
宮保雞丁	100 克	153
蔥爆牛肉	100 克	113
蔥爆羊肉	100 克	189
松子魚	100 克	211
糖醋魚塊	1 碟	793

乾煸四季豆	1 碟	493
清炒河蝦仁	100 克	112
乾燒蝦球	100 克	129
蟹粉扒豆腐	100 克	150
黑醋排骨	100 克	293
醬燒茄子	100 克	43
蒸饅頭（大）	1 個	274
蔥油餅	1 塊	504
上海春卷	1 件	136
三鮮餃子	1 件	37
鍋貼	1 件	270
小籠包	1 件	64
酸辣湯	1 碗	172
砂鍋雲吞雞	1 件雲吞 +1 件雞連湯	150
火腿津白	1 碗	40
擔擔麵	1 碗（約 600 克）	1300
炸醬麵	1 碗（約 600 克）	1008
紅燒牛肉麵	1 碗（約 600 克）	810
酸辣湯拉麵	1 碗（約 600 克）	600
排骨拉麵	1 碗（約 600 克）	750
餛飩拉麵	1 碗（約 600 克）	535

三鮮燴麵	1 碟	529
上海湯年糕	1 大碗	473
酒釀丸子	100 克	197
豆沙鍋餅	1 件	87
高力豆沙	1 件	182
花生芝麻湯圓	1 粒	60

CALORIE

四川及北京菜

POINT

100 克分量，大約一個手心大小。餐廳碗大約 100 克，家用碗大約 150 克。

項目	分量	kcal / 千卡路里（約數）
酸菜魚	100 克	79
酸辣粉	100 克	174
口水雞	100 克	174
水煮肉片	100 克	124
水煮魚	100 克	117
水煮羊	100 克	90
水煮牛	100 克	138
水煮豬	100 克	124
夫妻肺片	100 克	145
香辣蝦	100 克	142
青椒回鍋肉	100 克	203
肉末茄子	100 克	158
重慶雞煲	100 克	138
紅油抄手	100 克	274
乾煸四季豆	1 碟	493

重慶辣子雞	100 克	180
紅油拉皮	100 克	125
宮保雞丁	100 克	153
樟茶鴨	100 克	390
開水白菜	100 克	16
四川泡菜	100 克	35
北京填鴨	100 克	425

日本菜

首先喝麵豉湯，再吃蒸蛋、枝豆、海帶墊一墊胃。10 件壽司大約 550 kcal，4 件壽司大約等於 1 碗飯。1 片刺身大約 20 kcal。

項目	分量	kcal / 千卡路里（約數）
壽司		
花之戀	1 件	85
玉子壽司	2 件	134
腐皮壽司	2 件	240
鰻魚壽司	2 件	170
炸蝦壽司	2 件	160
一般壽司	1 件	55
三文魚細卷	6 件	118
加州卷	2 件	109
太卷	1 件	42
手卷	1 件	160
吞拿魚（中拖羅）壽司	1 件	80
赤身壽司	1 件	37
三文魚子壽司	1 件	70

醋鯖魚壽司	1 件	65
三文魚壽司	1 件	42
海膽壽司	1 件	55
帆立貝壽司	1 件	40
甜蝦壽司	1 件	52
蟹腳壽司	1 件	35
赤貝壽司	1 件	50
北寄貝壽司	1 件	50
帶子壽司	1 件	51
蟹子壽司	1 件	53
中華沙律壽司	1 件	90

刺身

三文魚	4 片（100 克）	160
吞拿魚	100 克	133
油甘魚	100 克	146
甜蝦 膽固醇含量：152 毫克	100 克	74
帶子	100 克	72
鰻魚	100 克	255
海帶	100 克	40
海膽 膽固醇含量：290 毫克	100 克	145
魷魚 膽固醇含量：233 毫克	100 克	92
赤貝	100 克	84
帆立貝	100 克	78
八爪魚	100 克	94

請注意膽固醇的攝取，1 日最多 250 毫克。

項目	分量	kcal / 千卡 路里（約數）
小食		
蝦天婦羅	1 件	80
甘筍天婦羅	1 件	55
蕃薯天婦羅	1 件	65
茄子天婦羅	1 件	50
南瓜天婦羅	1 件	35
炸魷魚	1 件	84
炸雞	1 份	454
汁燒手羽	2 隻	167
鹽燒雞胸串	1 串	98
枝豆	1 份	147
燒飯糰	2 件	364
茶碗蒸（日式蒸蛋）	1 碗	62

炸豬扒	1 件(1 隻手掌大)	280
鰻魚	100 克	304
秋刀魚	100 克	240
銀鱈魚	3 安士	89
煎餃子	1 件	60
溏心蛋	1 隻	75
日式叉燒	2 片	154
綠茶雪糕	1 份	130

主食

炸豬扒定食	1 份	887
烤鯖魚定食	1 份	860
烤雞肉蓋飯定食	1 份	755
炙燒牛肉定食	1 份	580
鰻魚飯	1 碗	664
咖喱牛肉飯	1 碗	740
親子丼飯	1 碗	600
牛丼飯	1 碗	595
豬丼飯	1 碗	590
鮪魚丼飯	1 碗	550
炸雞扒醬丼飯	1 碗	840
泡菜炒豬里肌丼飯	1 碗	915
蕎麥麵	1 碗	110
叉燒拉麵	1 碗	674
豚骨拉麵	1 碗	880
味噌拉麵	1 碗	860
醬油拉麵	1 碗	780

韓國菜

通常炸雞會配啤酒，但要留意 1 罐啤酒
（330ml）的卡路里也有 150kcal 左右。
100 克大約等於一手掌心肉。

項目	分量	kcal / 千卡路里（約數）
韓式炸雞	100 克	400
韓國烤肉	100 克	265
泡菜炒豬肉	1 碟	450
燒牛肋骨	1 份	410
人參雞湯	1 鍋	380
辣炒年糕	1 碟	380
泡菜豆腐麵豉湯	1 碗	140
涼拌青瓜	1 碟	54
涼拌芽菜	1 碟	15
牛肉石鍋飯	1 鍋	861
雞肉石鍋飯	1 鍋	940
泡菜豆腐鍋	100 克	86
雜錦石鍋飯	1 鍋	846

部隊鍋	100 克	177
海鮮煎餅	100 克	180
醬油蟹	100 克	120

CALORIE

台灣菜

項目	分量	kcal / 千卡路里（約數）
滷排骨飯	1 碗	500
滷肉飯	1 碗	535
台式烤肉飯	1 碗	580
燒鰻魚飯	1 碗	600
豬腳飯	1 碗	630
炸蝦飯	1 份	736
蠔油豬柳便當	1 份	691
紅燒牛腩便當	1 份	691
蒲燒鰻魚便當	1 份	695
金門雞柳便當	1 份	874
糖醋排骨便當	1 份	866
鐵板牛肉便當	1 份	762
泡菜豬肉便當	1 份	735
烤無骨雞腿簡餐	1 份	735
咖喱雞扒便當	1 份	700
香酥雞扒簡餐	1 份	770
卡啦雞扒簡餐	1 份	695
里肌排簡餐	1 份	698

油豆腐米線	100 克	142
蚵仔麵線（1 碗 220 克）	100 克	301
大腸麵線	1 碗	175
炸大雞扒	338 克	770
擔仔麵	100 克	118
蚵仔煎	100 克	193
核棗糕	100 克	419
鳳梨酥	100 克	499
太陽餅	100 克	459
蜂蜜蛋糕	100 克	359
鵪鶉鐵蛋	100 克	436
雞鐵蛋	100 克	286
豬血糕	100 克	191
水煎包	100 克	161
珍珠奶茶	700 毫升	442
抹茶紅豆冰沙	1 份	506
抹茶雪糕	100 毫升	218
高山綠茶	1 杯	185
寒天愛玉（註：高纖）	1 份	161
雪蒟	100 克	130

雪花冰	350 克	260
低糖綠茶	100 毫升	21
珍珠	1 湯匙	70

BBQ

POINT

小心飲品的糖分含量，宜飲無糖汽水。腸仔
是高鈉、高脂、高卡，慎吃。食雞肉最好去皮。

項目	分量	kcal / 千卡路里（約數）
牛扒	1 件（150 克）	354
豬扒	1 件（100 克）	375
多春魚	1 件（100 克）	300
鰻魚	1 件（100 克）	300
雞翼連尖	1 件	180
去皮雞扒	1 件	200
金沙骨	1 件	250
炸魚蛋	1 粒	25
白魚蛋	1 粒	8
蟹柳	1 件	16
香腸	1 條	90
芝士腸	2 小條	58
燒雞中翼	1 件	99
龍脷柳	100 克	90

青衣柳	100 克	90
鱈魚	100 克	90
白蝦	1 隻	8
蕃薯	1 條	120
煙肉	1 片（20 克）	78
牛丸	1 粒	20
墨魚丸	1 粒	27
蝦丸	1 粒	23
蠔	1 件	57
蜆	1 件（6 克）	3
貢丸	1 粒	58
燒粟米	1 條	138
青瓜	1 條（72 克）	72
方包	1 片（約 25 克）	74
金菇	1 束（100 克）	37
洋蔥	半個（166 克）	66
香菇	1 串（88 克）	27
青椒片	1 串大約 5 塊	14
烤肉醬	15 克	23
叉燒醬	10 克	25

CALORIE

自助餐

POINT

先吃冷盤、菜，然後再飲湯，食海鮮、刺身、肉、飯、甜品、水果。

吃午市自助餐比晚餐好。因為食午餐的分量通常不會太多，而且有時間可以消化。

我自己會先吃菜，跟著吃大量蝦，之後喝湯。跟著會吃比較肥膩的東西，吃到七成飽的時候，吃幾片烤菠蘿，有消化酶幫助消化。

吃鵝肝、腐皮壽司、烤羊架、甜品、雪糕，還有燉湯、沙律醬汁，要避免過量進食。另外，海鮮比較低卡路里。

項目	分量	kcal / 千卡路里（約數）
鵝肝	1件（約1/3手掌大）	129
烤羊架	1件	279
蟹肉餅	1件	266
西冷牛扒	1件	241
燒牛舌	1件	44
龍蝦	1件	98
生蠔	1件	57

鰻魚壽司	1 件	85
腐皮壽司	1 件	120
鮑魚	1 件	189
小龍蝦	1 件	60
吞拿魚刺身	1 片	31
雪蟹	1 件	115
凍蝦	1 件	45
甜蝦刺身	1 件	5
八爪魚刺身	1 片	21
三文魚刺身	1 片	42
三文魚魚籽手卷	1 件	170
軟殼蟹手卷	1 件	143
吉列蠔	1 件	59
燒雞軟骨	1 串	61
天婦羅	1 件	55
花之戀	1 件	85
清酒煮蜆	5 隻	20
海膽手卷	1 件	160
芝士年糕	1 件	128
芝麻雞翼	1 件	205
吉列豬扒	100 克（1 隻手掌大）	280

羊鞍	1 件	223
魚蛋米粉	1 碗	252
花膠燉湯	1 碗	300
白汁沙律醬	1 湯匙	110
日式芝麻沙律醬	1 湯匙	66
凱撒沙律醬	1 湯匙	68
黑醋	1 湯匙	14
橄欖油	1 湯匙	123
朱古力雪糕	1 球	216
雲呢拿雪糕	1 球	207

西餐

POINT

薄批的卡路里會較低，每塊薄批比厚批大約少 30 kcal。

通粉會比較高卡路里，因為醬汁藏在通粉內。

項目	分量	kcal／千卡路里（約數）
薄餅		
夏威夷薄餅薄大批	1 件	174
至尊薄餅薄大批	1 件	228
千島海鮮薄餅薄大批	1 件	284

意粉及飯

海鮮意粉（中）	1 碟	709
肉醬意粉（中）	1 碟	725
蜆肉意粉（中）	1 碟	635
白汁火腿意粉（中）	1 碟	592
墨汁意粉（中）	1 碟	590
芝士煙肉意粉（中）	1 碟	677
忌廉意粉（中）	1 碟	841
茄汁吞拿魚意粉（中）	1 碟	587
香蒜肉絲意粉	1 碟	535
白汁海鮮闊麵	1 碟	630
葡汁雞皇飯	1 碟	700
意大利飯（小）	1 碟	150

肉類及其他

西冷肉眼	3 安士（87 克）	230
牛柳	3 安士（87 克）	170
T 骨	3 安士（87 克）	246
雞扒（連皮）	1 件	229
雞胸（連皮）	3 安士（87 克）	167
雞胸（去皮）	3 安士（87 克）	140
豬扒（瘦）	1 件	265
豬扒（半肥瘦）	1 件	375
炸雞髀（連皮）	1 件	215
三文魚扒	1 件	175
煙三文魚	100 克	133
鱈魚扒	3 安士（87 克）	89
港式燒汁	1/4 杯	50
西式燒汁	1/4 杯	20
千島沙律醬	1 湯匙	130
忌廉雞湯	1 碗	240
羅宋湯	1 碗	152
意大利菜湯	1 碗	140
加上酥皮	1 份	200
酥皮湯	1 碗	450
拿破崙肉丸	1 粒	43

炸雞翼（全翼）	1 件	220
香辣雞翼	1 件	70
粟米	1 份	85
雜菜沙律（不加醬）	1 份	100
雜菜沙律（加千島醬）	1 份	220
炸蝦丸	1 粒	50
茄汁豆焗薯（不要煙肉、牛油、芝士）	1 份	359
焗薯	1 份	145
薯條	10 安士	1000
蒜蓉包	1 份	510
餐包	1 個	76

CALORIE

口痕小食

POINT

一般來說，街邊小食比較高卡路里，尤其小心注意醬汁的多少。

西多士、雞蛋仔、司華力腸和腸粉都是很高卡路里的，食用時小心分量。

個人感覺食雞髀去皮後，不是想像中這麼高卡。

項目	分量	kcal / 千卡路里（約數）
公司三文治	1 份	1078
西多士	1 份	584
台式奶油厚多士	1 份	634
雞蛋仔	1 底	390
格仔餅	1 份	440
司華力腸	1 條	345
砵仔糕	1 件	340
炸大腸	1 串（80 克）	160
鹽酥雞	1 份（150 克）	585
珍寶腸	1 條	345
齋腸粉（連醬）	4 條	400
碗仔翅	1 碗	240

牛雜	1 串	143
臭豆腐	1 件	174
牛油粟米	1 杯	225
生菜魚肉	1 份	118
煎釀三寶	3 件	110
魚肉燒賣	1 粒	49
咖喱魚蛋	1 串（5 粒）	70
茶葉蛋	1 隻	78
老婆餅	1 件	320
油雞上髀	1 件	344
油雞上髀去皮	1 件	220
炸雞中翼	1 件	180
炸雞全翼	1 件	220
炸雞皮	100 克	450
菠蘿包	1 件	343
炸薯條	1 碗	380
炸薯片	100 克	270
葡撻	1 件	229
蛋撻	1 件	217
芝士撻	1 件	250
豬扒包	1 件	613
輕怡消化餅	1 塊	69
梳打餅	6 塊	75

熊仔餅	1 盒	334
魚肉腸	1 條	35
提子乾	100 克	320
紫菜	1 包	10
曲奇餅	1 塊	70
杏仁餅	1 塊	110
蛋卷	1 條	105
煎堆	1 件	250
日式章魚丸	1 件	129
冷壓果汁	250 毫升	160
熱狗	1 個	360
栗子（去皮）	100 克	196
金莎朱古力	1 件	74
瑞士糖	1 粒	14
Lindt 牛奶朱古力（紅色包裝）	12 克	75
瑞士三角迷你朱古力袋裝	8 克	41
瑞士三角迷你白朱古力袋裝	8 克	43
健達繽紛樂	1 件	122
Club 朱古力夾心橙餅	1 件	116
麥提莎	1 小包	64

糖冬瓜	1 件	37
糖蓮子	1 粒	40
糖蓮藕	1 件	80
烤蕃薯	100 克	120
炒栗子	12 粒	140
雞批	1 件	358
午餐肉	1 小罐	300

CALORIE

果仁（原味非油炸）

POINT

參考：1 碗飯大約 220 kcal。

項目	分量	kcal / 千卡 路里（約數）
腰果	5 粒	50
杏仁	7 粒	50
合桃	5 粒	50
松子仁	38 粒	50
夏威夷果仁	2.5 粒	50
開心果	15 粒	50
巴西堅果	1.5 粒	50
花生	8.5 粒	50
白瓜子	10 粒	50
紅瓜子	41 粒	50
黑瓜子	23 粒	50

甜品及飲品

POINT

食得甜品就不要太計較，注意食用的分量就可以了。

項目	分量	kcal / 千卡路里（約數）
紅豆沙	1 碗	240
綠豆沙	1 碗	180
豆腐花	1 碗	177
黃糖	5 克	20
花生湯圓合桃露	1 碗	520
白果腐竹雞蛋	1 碗	341
豆沙鍋餅	1 份	362
潮州芋泥	1 份	288
楊枝甘露	1 碗	255
鮮果啫喱	1 份	192
蛋花馬蹄露	1 碗	140
南北杏雪耳燉木瓜	1 碗	142
蕃薯糖水	1 碗	195
杏汁燕窩	1 碗	170
西米露	1 碗	140

雜果西米露	1 碗	300
椰汁西米露	1 碗	180
涼粉西米露	1 碗	353
芝麻湯圓	1 粒	64
杏仁糊	1 碗	205
合桃露	1 碗	130
芝麻糊	1 碗	310
喳喳	1 碗	240
花生糊	1 碗	220
桂花糕	1 份	30
黑糯米	1 份	220
燉奶	1 碗	324
雙皮奶	1 碗	346
冰糖燉雪蛤	1 碗	521

糖不甩	1 粒	137
鮮奶燉蛋	1 碗	260
蓮子羹	1 碗	260
焗西米布甸	1 份	280
冰糖燕窩	1 碗	351
椰汁紫米露	1 碗	165
榴槤班戟	1 件	107
芒果黑糯米	1 份	290
椰絲芒果糯米糍	1 粒（35 克）	52
雪葩	1 球	110
啫喱	1 份	162
班戟	1 份	495
珍珠奶茶	1 杯	450
淨珍珠	1 份	220
抹茶紅豆沙冰	1 杯	506
椰汁芒果糯米飯	1 份	583
西柚汁（細）	1 杯	32
紅豆冰	1 杯	260
檸蜜（熱）	1 杯	128
檸蜜（凍）	1 杯	100
朱古力（熱）	1 杯	172
杏仁霜（熱）	1 杯	142
杏仁霜（凍）	1 杯	150

千層蛋糕	1 件	450
朱古力布甸	1 份	260
黑森林蛋糕	1 件	275
芒果布甸	1 份	280
栗子撻	1 件	250
意大利 Tiramisu	1 件	510
朱古力心太軟	1 件	463
紐約芝士蛋糕	1 件	560
藍莓芝士蛋糕	1 件	482
焦糖燉蛋	1 件	490
芒果酥皮拿破崙	1 件	460
迷你鮮果撻	1 件	82
芒果芝士蛋糕	1 件	428
Muffin	1 件	350
梳乎厘芝士蛋糕	1 件	356
士多啤梨窩夫	兩件連雪糕	700

梳乎厘班戟連牛油	1 份	387
朱古力蛋糕	1 件	463
抹茶戚風蛋糕	1 件	90
抹茶牛油蛋糕	1 件	182
抹茶卷蛋	1件（1吋寬）	350
抹茶芝士蛋糕	1 件	280
抹茶刨冰	1 份	0
抹茶雪糕	170 克	370
抹茶雪糕	100 克	220
加紅豆及白玉	1 份	100
大福	1 件	210
銅鑼燒	1 件	250
牛奶布甸	1 份	189

雪糕

POINT

雖然以下有部分雪糕種類只寫某個牌子，但其實不同牌子的雪糕，如果相同口味，卡路里都差不多。總括而言，雪糕裏面有鮮奶成分的就會高卡一點。

項目	分量	kcal / 千卡路里（約數）
果汁雪條	1 條	100
脆皮雪條	1 條	300
雲呢拿雪糕	200 毫升	200
綠茶雪糕	1 球	130
H 牌迷你士多啤梨雪糕	75 毫升	161
H 牌迷你雲呢拿雪糕	75 毫升	168
H 牌迷你曲奇雪糕	75 毫升	163
H 牌迷你仲夏野莓雪糕	75 毫升	168
H 牌迷你芒果雪糕	75 毫升	160
H 牌朱古力雪糕	100 毫升	249
H 牌士多啤梨雪糕	100 毫升	215
H 牌雲呢拿雪糕	100 毫升	224
H 牌咖啡雪糕	100 毫升	224
H 牌藍莓雪糕	100 毫升	218

H 牌抹茶雪糕	100 毫升	215
H 牌芒果雪糕	100 毫升	221
H 牌曲奇雪糕	100 毫升	225
H 牌仲夏野莓雪糕	100 毫升	227

CALORIE

另類飲品

POINT

提子汁、蘋果汁及酒精類飲品比較高卡。

項目	分量	kcal / 千卡路里（約數）
益力多	100 毫升	68
維他奶	250 毫升	118
鈣思寶（原味）	250 毫升	88
蘋果汁	250 毫升	115
提子汁	250 毫升	154
橙汁	500 毫升	180
菊花茶	500 毫升	175
椰子水	500 毫升	105
寶礦力水特	500 毫升	120
啤酒	240 毫升	142
白酒	240 毫升	196
紅酒	240 毫升	204
烈酒	240 毫升	494
香檳	240 毫升	85

水果

項目	分量	kcal / 千卡路里（約數）
橙（小）	1 個	50
蘋果（小 / 大）	1 個	55 / 100
葡萄	1 粒	4
櫻桃	1 粒	3
荔枝	1 粒	7
龍眼	1 粒	3
新鮮菠蘿	1 片	40
香蕉（中）	1 條	90
士多啤梨	1 粒	3
雪梨	1 個	58
啤梨	1 個	98
牛油果（小）	1 個	380
蜜瓜	1 片	60
芒果	1 個	128
西瓜	1 片	30

4

節日美食

新年食品

POINT

新年食品大都是卡路里甚高的，但聰明選擇，
也可食得開心，吃得健康。

項目	分量	kcal / 千卡 路里（約數）
笑口棗	1 件	55
曲奇餅	1 塊	70
蛋卷	1 件	105
油角	1 件	130
糖蓮子	1 粒	40
糖蓮藕	1 件	80
角仔	1 件	80
花生	1 粒	6
朱古力金幣	1 塊	27
紅瓜子	1 粒	1.2
白瓜子	1 粒	5
黑瓜子	1 粒	2.1
開心果	1 粒	3.4
煎堆	1 件	250
煎蘿蔔糕	1 件	100

| 煎馬蹄糕 | 1 件 | 110 |
| 煎椰汁年糕 | 1 件 | 265 |

聖誕節食品

聖誕食物裏面，燒火雞相對比較低卡，其他食物就少食多滋味啦！

項目	分量	kcal / 千卡路里（約數）
到會燒火雞	100 克	170
燒雞翼	1 件	100
燒排骨	1 件	164
炸魚柳	1 件	117
春卷	1 件	112
炸薯條	1 杯	340
肉醬意粉	半碟	362
白汁火腿意粉	半碟	296
海鮮意粉	半碟	350
芝士火腿三文治	1 份	260
啫喱	1 份	162
芝士蛋糕	1 件	505
芒果布甸	1 份	280
椰汁馬豆糕	1 件	130
雜果賓治	1 杯	115

鮮榨橙汁	1 杯	180

CALORIE

中秋節食品

POINT

我係月餅控，無辦法。

項目	分量	kcal / 千卡 路里（約數）
雙黃蓮蓉月餅	1 個	760
迷你奶黃月餅	1 個	172
迷你朱古力雪糕月餅	1 個	238
低糖雙黃白蓮蓉月餅	1 個	494
金華火腿月餅	1 個	829
五仁月餅	1 個	724
迷你綠豆冰皮月餅	1 個	176
湯圓	1 粒	70
芋頭	1 件	90
菱角	1 件	47
楊桃	1 件	30
碌柚	2 件	67

端午節食品

POINT

大家要留意，1 隻裹蒸粽等於 3 碗飯以上的
卡路里，每次同人分享就最理想。而且鹹粽
鹽分較高，鹹粽的油分亦都黏在糯米上，卡
路里甚高，小心進食。

糯米的升糖指數較高，糖尿病患者要慎食。
食完粽，飲黑茶可消滯。另外，如果有骨傷
的話，也不宜吃糯米。

粽是好美味，但是小食多滋味。

161

項目	分量	kcal / 千卡 路里（約數）
裹蒸粽	1 隻	1720
鹹肉粽	1 隻	690
豆沙粽	1 隻	400
五穀粽	1 隻	690
鹼水粽	1 隻	310

後記

重看之前自己寫的內容，發覺用了好多心機去找資料，一心想幫大家可以容易翻閱，可快速在每一餐之前，能夠計算，拿個大約，知道每一餐攝取了多少卡路里，所以在目錄方面，都力求簡單易看，從而方便大家進行減肥計劃。

在找資料方面，我力求精準，如有任何疏漏的地方，請大家多多包涵。

食物營養價值只供大家參考，食材和分量或有差異啊！

基本上所有寫的食物我都鍾意食，我用我的經驗，希望能夠幫到大家。

總的來說，什麼都要食，但是最重要懂得計算卡路里，以及食物分量的拿捏，這樣就離減肥成功不遠了。

預祝大家減肥成功！

附錄一

讀者可到以下網站，查閱各種產品的卡路里資訊。

P.46 補身纖體粥
https://www.ankang.com.hk/product?sku=T89095-N

P.57、151 維他奶、原味鈣思寶
https://www.vitavitasoy.com/tc/product

P.57 維他低糖檸檬茶
https://www.hktvmall.com/hktv/zh/search_a?keyw
ord=%E7%B6%AD%E4%BB%96%E4%BD%8E%E7%
B3%96%E6%AA%B8%E6%AA%AC%E8%8C%B6&ba
nnerCategory=AA11220000000

P.51 百邦天然酵母原味梳打餅
https://www.pns.hk/zh-hk/%E7%99%BE%E9%82%
A6%E5%A4%A9%E7%84%B6%E9%85%B5%E6%AF
%8D%E5%8E%9F%E5%91%B3%E6%A2%B3%E6%8
9%93%E9%A4%85-147%E5%85%8B/p/BP_347266

P.51 日清春雨粉絲（雞味）
https://www.nissinfoods.com.hk/tch/products/
nissin-harusame/vietnamese-chicken-coriander-
flavour

P.51 馬莎細薯片、爆谷
Marks & Spencer APP

P.52 明輝印尼蝦片
https://www.hktvmall.com/hktv/zh/search_a?k
eyword=%E6%98%8E%E8%BC%9D%E8%9D%A6
%E7%89%87&bannerCategory=AA11150000000

P.141 金莎朱古力
https://www.ferrero.com.hk/products/pralines/
ferrero_rocher

P.141 健達繽紛樂
https://www.ferrero.com.hk/products/bueno

P.141 瑞士糖
https://www.pns.hk/zh-hk/%E7%91%9E%E5%A
3%AB%E7%B3%96%E9%9B%9C%E6%9E%9C%
E5%91%B3-175%E5%85%8B/p/BP_167245

P.141 Lindt 牛奶朱古力
https://www.lindt.cn/cn-8003340090535

P.141 瑞士三角迷你朱古力
https://www.pns.hk/zh-hk/%E8%BF%B7%E4%BD%A0%E6%9C%B1%E5%8F%A4%E5%8A%9B%E8%A2%8B%E8%A3%9D/p/BP_158651

P.141 瑞士三角迷你白朱古力
https://www.pns.hk/zh-hk/%E8%BF%B7%E4%BD%A0%E7%99%BD%E6%9C%B1%E5%8F%A4%E5%8A%9B%E8%A2%8B%E8%A3%9D/p/BP_416918

P.141 Club 朱古力夾心橙餅
https://www.pns.hk/zh-hk/%E6%9C%B1%E5%8F%A4%E5%8A%9B%E5%A4%BE%E5%BF%83%E6%A9%99%E9%A4%85/p/BP_110171

P.141 麥提莎家庭裝
https://www.mannings.com.hk/maltesers-funsize-144g/p/848739

P.151 益力多

https://www.hktvmall.com/hktv/zh/main/searc
h?q=%3A%3Acategory%3ADD00000272181%3Ac
ategoryHotPickOrder%3ADD00000272181%3Ast
reet%3Amain

P.151 寶礦力水特

https://pocarisweat.hk/products/ingredient/

附錄二

記下你平常最想吃的食物卡路里！

作者：涂耀文 Ada

編輯：青森文化編輯組

設計：Spacey Ho

出版：紅出版（青森文化）

地址：香港灣仔道 133 號卓凌中心 11 樓

出版計劃查詢電話：(852) 2540 7517

電郵：editor@red-publish.com

網址：http://www.red-publish.com

香港總經銷：聯合新零售（香港）有限公司

台灣總經銷：貿騰發賣股份有限公司

地址：新北市中和區立德街 136 號 6 樓

電話：(886) 2-8227-5988

網址：http://www.namode.com

出版日期：2024 年 7 月

上架建議：體重管理 / 瘦身

ISBN：978-988-8868-30-8

定價：港幣 98 元正／新台幣 390 圓正